Albert Hoffa

Atlas und Grundriss der Verbandlehre für Studierende und Ärzte

Albert Hoffa

Atlas und Grundriss der Verbandlehre für Studierende und Ärzte

ISBN/EAN: 9783744682602

Hergestellt in Europa, USA, Kanada, Australien, Japan

Cover: Foto ©berggeist007 / pixelio.de

Weitere Bücher finden Sie auf **www.hansebooks.com**

LEHMANN'S MEDICIN.

HANDATLANTEN.
BAND XIII.

Atlas und Grundriss

der

VERBANDLEHRE

für

Studierende und Aerzte

Von

Dr. Albert Hoffa
Privatdocent für Chirurgie an der Universität Würzburg.

Mit 128 Tafeln
nach Originalaquarellen von Maler O. Fink.

München 1897.

Verlag von J. F. Lehmann.

Vorrede.

Die vorliegende Verbandlehre ist auf die Anregung des Herrn Verlegers J. F. L e h m a n n hin entstanden. Das Bedürfnis nach einem solchen Leitfaden ist ein unter der studierenden Jugend wohl allgemein anerkanntes, und so bin ich der Anregung gern gefolgt. Ich habe die Verbandlehre so dargestellt, wie ich sie seit vielen Jahren in meinen praktischen Cursen vortrage. Nachdem ich viele Hunderte von Schülern in die Verbandtechnik eingeführt habe, habe ich die Fehler wohl kennen gelernt, die der Anfänger beim Verbinden in der Regel macht, und habe darum gleich angegeben, wie sich diese Fehler vermeiden lassen. Das Buch verfolgt überhaupt einen vorwiegend praktischen Zweck und soll auch dem jungen Arzt ein zuverlässiger Ratgeber sein in allen den einschlägigen Fragen, die ihm in seiner Praxis entgegentreten.

Ich habe deshalb ganz besonderen Wert auf die

Herstellung guter Abbildungen gelegt. Die alten schematischen Zeichnungen der Verbände, die man in den früheren Lehrbüchern über die Verbandlehre findet, entsprechen nicht der Wirklichkeit. Ich habe mir Mühe gegeben, die Verbände wirklich so darzustellen, wie sie in der Praxis ausgeführt werden. Ich habe sämtliche Verbände selbst angelegt; dann sind dieselben von meinem Assistenten Herrn Dr. P. Paradies photographiert und nach den wohlgelungenen Photographien von Herrn Maler Fink gemalt worden. So haben wir Tafeln erhalten, welche wohl auch weitgehenden Ansprüchen an Deutlichkeit und Realismus entsprechen dürften.

Ganz besonders möchte ich noch das ausserordentlich grosse Entgegenkommen des Herrn Verlegers hervorheben, der selbst die grössten Kosten zur vollendeten Ausstattung des Buches nicht gescheut hat.

WÜRZBURG, im Oktober 1896.

Albert Hoffa.

Inhalts-Verzeichnis.

Verzeichnis der Tafeln.

ATLAS UND GRUNDRISS

DER

VERBANDLEHRE.

A) Einfache Verbände.

Man teilt die einfachen Verbände ein in Bindenverbände und Tücherverbände.

1) Bindenverbände.

Während man in früheren Jahren die Bindenverbände mit Leinenbinden anlegte, benutzt man heute als Stoff zu den Binden fast ausschliesslich die Baumwolle, die entweder locker gewebt als einfache Gazeoder Mullbinde, oder fester gewebt, als Calicot- oder Cambricbinde in Verwendung kommt. Wenn die einfache Gaze- oder Mullbinde noch Stärke enthält oder mit Stärke imprägniert ist, so heisst sie appretierte oder gestärkte Gazebinde oder blaue Binde oder auch wohl Organtinbinde. Diese gestärkten Binden werden stets nass angelegt. Man taucht sie in Wasser, drückt sie gehörig aus und zieht sie beim Umwickeln recht fest an, da die Binde beim Trocknen wieder lockerer wird. Umgekehrt zieht sich die Leinenbinde trocken angelegt und dann befeuchtet, zusammen. Relativ selten kommt als Bindenstoff die reine Wolle in Verwendung. Man benutzt sie in der Form der Flanellbinde nur zu gewissen Zwecken.

Die Binden selbst verwendet man als einköpfige oder zweiköpfige Binden. Die einköpfige Binde (Tafel 1) entsteht dadurch, dass man sich die Bindenstoffe in verschieden breite Streifen schneidet und diese einzelnen Streifen nun aufwickelt. Dieses Aufwickeln kann entweder mittelst einer Bindenwickelmaschine oder mittelst der Hände geschehen.

1

Bindenwickelmaschinen sind in verschiedener
Form angegeben worden. Sie haben alle das gemein-
sam, dass man das Bindenende an einer Kurbel befestigt und durch Drehen dieser Kurbel den Bindenstreifen auf die Kurbelachse aufrollt. Um eine recht
gleichmässige Festigkeit der Bindenrolle zu erzielen, muss
man, während man mit der einen Hand die Kurbel dreht,
mit der andern Hand das Ende der Binde recht stramm
spannen. (Tafel 2.)

Da man beim gewöhnlichen Anlegen von Verbänden
Bindenwickelmaschinen nicht gebrauchen kann, muss man
sich darin üben, die Binde auch mit den Händen
allein aufzuwickeln Es geschieht dies in folgender
Weise. (Tafel 3.) Man nimmt das eine Ende des Bindenstreifens, legt dasselbe mehrfach platt auf einander und
macht sich so, indem man die Platte zusammendreht,
einen kleinen Knäuel, der den Beginn der Binde dar-
stellt. Diesen Knäuel vergrössert man nun zunächst
dadurch, dass man ihn zwischen Zeigefinger und Daumen
beider Hände an beiden Seiten fasst und ihn zwischen
diesen Fingern so um seine Achse dreht, dass immer
neue Particen des Bindenstreifens in die Rolle mit ein-
bezogen werden. Hat die Rolle nun etwa die Dicke
eines Daumens erreicht, so fasst man sie von beiden
Seiten her zwischen Daumen und Mittelfinger der linken
Hand. Der linke Zeigefinger kommt oben auf die Rolle
selbst zu liegen. Unter den herunterhängenden Bindenstreifen legt man nun parallel mit der Rolle die rechte
Hand, so dass der Radialrand des Zeigefingers direkt
nach oben zu stehen kommt, während der Mittelfinger
von unten her die Rolle umfasst. Indem nun die rechte
Hand den Bindenstreifen zwischen Daumen und Zeigefinger fasst und ihn fest anzieht, dreht sie die Bindenrolle vermittelst des Daumens und des Mittelfingers im
entgegengesetzten Sinne des Uhrzeigers so oft herum,
bis der ganze Streifen aufgerollt ist. Damit die Rolle
recht fest und gleichmässig aufgewickelt wird, ist es
wieder notwendig, den noch nicht aufgewickelten Bindenstreifen recht fest zwischen Daumen und Zeigefinger

Tafel 1.

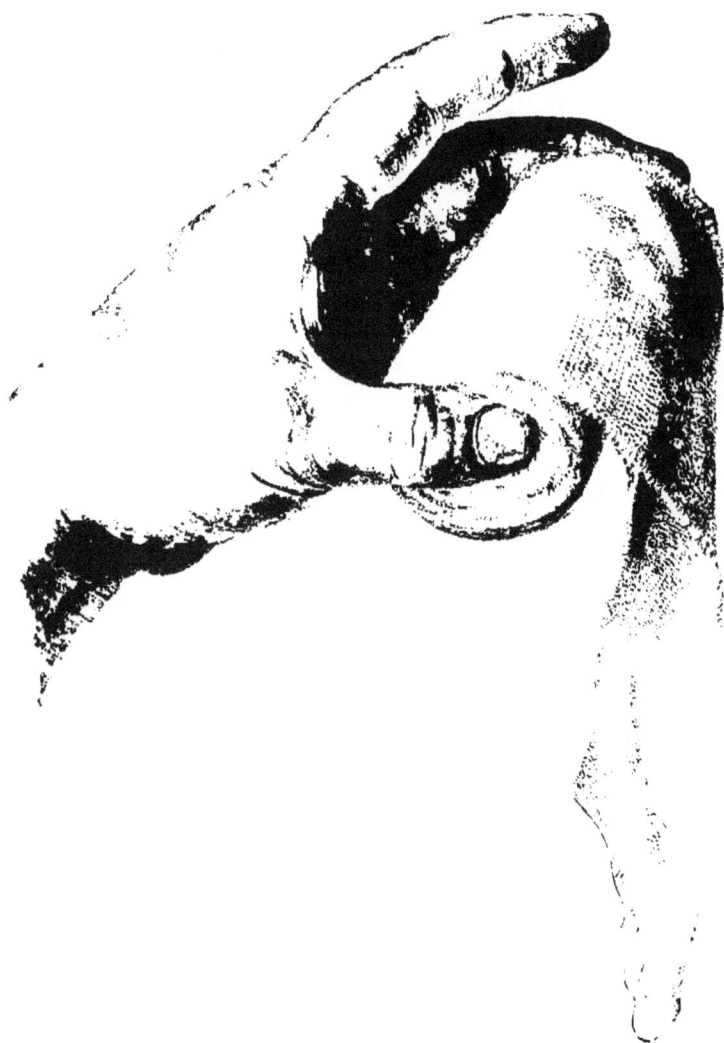

Einköpfige Binde.

Die linke Hand hält die Binde, wie sie beim Aufrollen gehalten
werden soll.

Aufwickeln der Binde mittelst einer Bindenwickelmaschine.

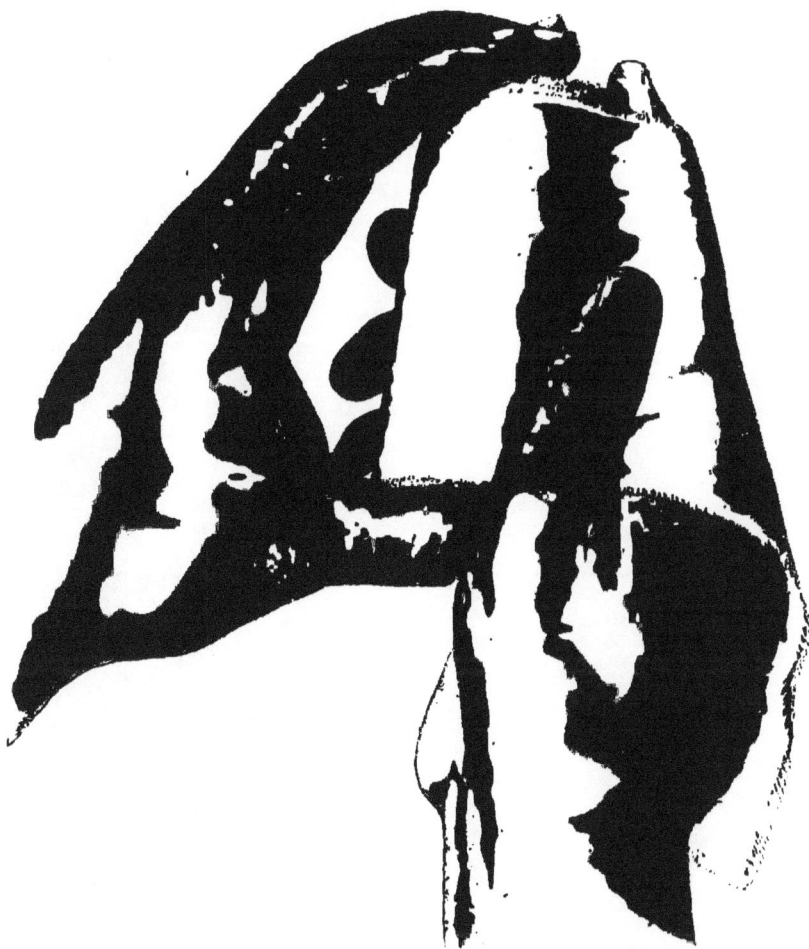

Aufwickeln einer Binde mit den Händen.

Zweiköpfige Binde.

anzuspannen. Die linke Hand unterstützt die Binde beim Aufrollen. Wir teilen ihr nach dem Gesagten nur eine Nebenaufgabe zu, weil wir gefunden haben, dass das Aufrollen vermittelst der rechten Hand im allgemeinen leichter ist, als wenn der linken Hand die Hauptaufgabe des Drehens zufällt.

Ist die Binde aufgewickelt, so besteht sie aus dem Bindenkopf und dem Bindenende. Da sie nur einen Kopf hat, so nennt man sie eine einköpfige Binde.

Eine zweiköpfige Binde (Tafel 4) erhält man dann, wenn man den Bindenstreifen von beiden Enden her in der oben geschilderten Weise gleichmässig aufwickelt, so dass schliesslich nur die Mitte des Bindenstreifens übrig bleibt. Bei dem Aufwickeln der doppelköpfigen Binde muss man darauf achten, dass die beiden Bindenköpfe nach einer und derselben Seite sehen. In früheren Zeiten verwendete man wohl auch noch vielköpfige Binden; dieselben sind heut zu Tage ganz ausser Gebrauch gekommen. Dagegen wendet man noch hie und da die sog. T-Binde an (Tafel 5 f), die man dadurch erhält, dass man senkrecht auf die Mitte einer doppelköpfigen Binde eine einköpfige Binde annäht.

Spaltet man eine Binde von beiden Seiten her so, dass nur ein kleines Mittelstück ungespalten bleibt, so erhält man eine sog. Schleuderbinde oder Funda. (Tafel 5 e.)

Schneidet man irgend einen Verbandstoff, in der Regel die Verbandgaze, in beliebig grosse Stücke, so nennt man diese Verbandstücke Compressen. Je nach der Zahl der Verbandlagen und der Form des Umfanges unterscheidet man einfache (Tafel 5 b) und mehrfache (Tafel 5c), viereckige oder Roll-Compressen. (Tafel 5g.)

Längliche, viereckige Compressen nennt man auch wohl Longuetten. (Tafel 5 d.)

Als Verbandstoffe braucht man ausser den Binden in der Regel noch die Verbandgaze, d. i. Baumwollengewebe in Mullform, und die Verbandwatte, die entweder als entfettete Watte bei Wundverbänden

1*

oder als geleimte, rohe Watte zur Unterpolsterung
der Verbände in Verwendung kommt.

Das Verbinden irgend eines Körperteiles besteht
nun darin, dass man die Binde in bestimmter Weise um
diesen Körperteil herumführt.

Als Beispiel dafür, wie dieses Anlegen der Binde
zu geschehen hat, wählen wir zunächst **das Verbinden
des Vorderarmes**, da sich uns hierbei am leichtesten die
Gelegenheit bietet, die Regeln zu besprechen, die man
beim Anwickeln der Binde befolgen muss, um einen
gutsitzenden Verband zu erhalten.

Um den Vorderarm regelrecht zu verbinden, beginnt
man mit einer Kreistour oberhalb des Handgelenkes.

Diese Kreistour, fascia circularis (Tafel 6 & 7),
stellt den Beginn der meisten Verbände dar. Man darf sie
nicht etwa in der Weise anlegen wollen, dass man die
Binde einfach kreisförmig um das untere Ende des Vorderarmes herumführt; denn dann würde beim Anziehen des
Bindenkopfes das schon abgewickelte Ende der Binde vom
Vorderarm einfach abgleiten. Man muss vielmehr der Binde
zunächst einen Halt an dem betreffenden Körperteile
geben, und dies geschieht in folgender Weise. Der Arzt
stellt sich so, dass er den zu verbindenden Vorderarm
zu seiner rechten Seite hat. Nun nimmt er das
Bindenende, rollt es etwa handbreit vom Bindenkopf ab,
legt es am unteren Ende des Vorderarmes in leicht
schräger Richtung über dem Handgelenk an und
fixiert es in dieser Lage mit seiner linken Hand. Der
Bindenkopf sieht dabei nach oben. (Tafel 6.)
Es ist ein Fehler, das Bindenende so anzulegen, dass
der Bindenkopf nach unten gerichtet ist.

Die Antwort auf die Frage, auf welcher Seite man
beginnen soll, resp. nach welcher Seite das Bindenende
zunächst gerichtet sein soll, ergibt sich leicht aus der Regel,
dass der Rechtshändige von sich aus von links
nach rechts wickeln soll, d. h. von seiner eigenen linken
nach seiner rechten Seite hin. Fängt er auf der eigenen
rechten Seite an und wickelt nach links hinüber, so wickelt
er entgegen seiner eigenen rechten Hand und begibt

Tafel 5.

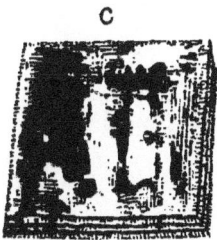

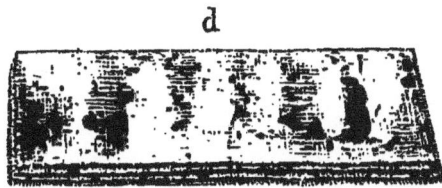

a) Verbandscheere, b) einfache Kompresse. c) mehrfache Kompresse,
d) Longuette, e) Schleuderbinde oder Funda, f) ⊤-Binde. g) Rollkompresse.

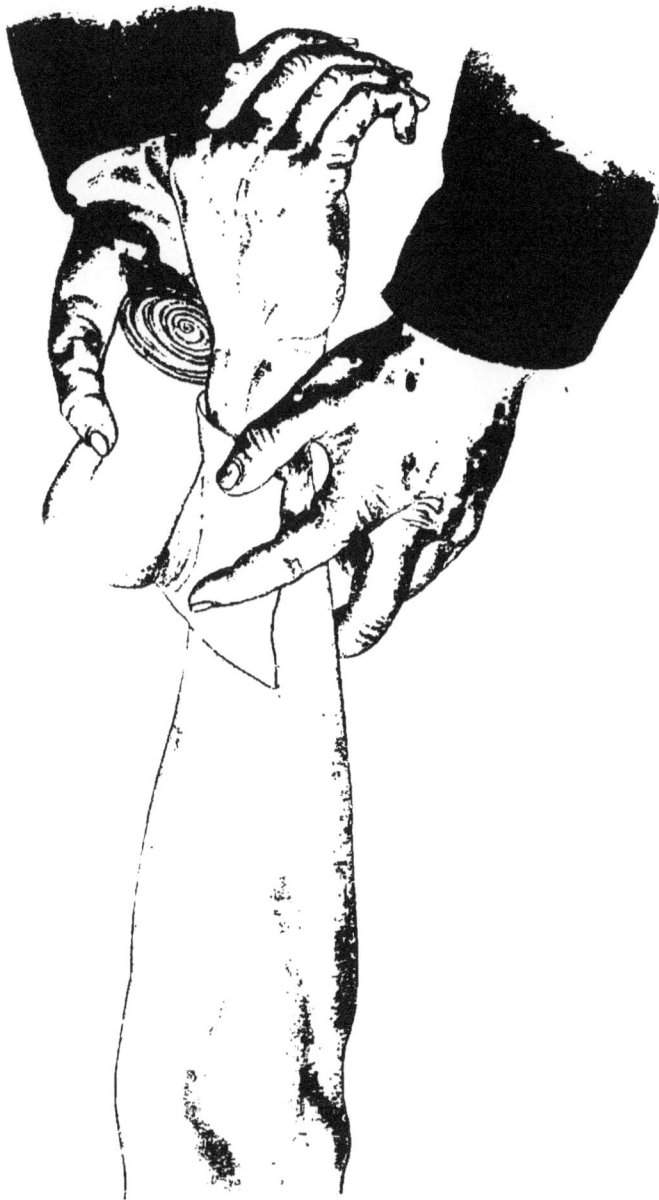

Tafel 7.

Bildung des Zipfels bei Anlegung der Kreistour.

Tafel 8.

Dolabra serpens oder repens.

sich somit des Vorteils, den beim Rechtshändigen die
grössere Geschicklichkeit der rechten Hand gegenüber der linken mit sich bringt. Man legt also, wenn
man den Patienten vor sich stehend denkt und annimmt,
dass man den rechten Vorderarm verbinden will, die
Binde in der schrägen Richtung derart an, dass das Bindenende an den ulnaren Rand des Vorderarmrückens zu liegen
kommt, etwa handbreit über dem proc. styloid. ulnae, während der Bindenkopf mit seinem unteren Ende in der Höhe
des proc. styloid. radii steht. Nun rollt man die Binde
einmal kreisförmig um das untere Ende des Vorderarmes herum. Dadurch erhält man an dem Bindenende
einen Zipfel, den man nun um die Kreistour nach unten
herunterschlägt und mit einer zweiten Kreistour befestigt.
(Tafel 7.) Jetzt kann man an dem Bindenkopf so viel
ziehen als man will, er wird nie mehr abrutschen. So
hat man die fascia circularis vollendet.

Verbindet man nun den Vorderarm in der Weise
weiter, dass die einzelnen Bindentouren sich gegenseitig
zum Teil decken, so erhält man die sogenannte Dolabra
currens (siehe Tafel 12). Lässt man dagegen die Touren
den Vorderarm spiralförmig umgehen, so entsteht die
Dolabra serpens oder repens. (Tafel 8.) Letztere Art kommt im ganzen selten zur Verwendung und
zwar nur dann, wenn man einen Körperteil eingewickelt
hat und nun mit derselben Binde rasch an einen ent-
fernter liegenden Körperteil gelangen will.

Um so häufiger benutzt man dagegen die Dolabra
currens. Man kann dieselbe so ausführen, dass die folgende Tour die vorhergehende entweder zu zweidrittel
oder zur Hälfte oder noch weniger deckt. Den Grad
der Deckung wählt man nach dem Zweck, den man
mit der Binde verfolgt. Will man etwa nur ein Ver-
bandstück an dem Körperteil befestigen, so braucht die
gegenseitige Deckung der Binde nur eine geringe zu
sein. Verfolgt man dagegen den therapeutischen
Zweck einer Compression der unterliegenden
Teile, so muss man die einzelnen Bindentouren sich
in stärkerem Grad decken lassen. Je mehr die folgende

6

Tour die vorhergehende zudeckt, je stärker gestaltet sich der Grad der Compression der Binde auf die Unterlage.

Jede folgende Bindentour soll im allgemeinen der vorhergehenden parallel laufen, und es sollen bei einem regelrechten Verbande die Abstände zwischen den einzelnen Bindentouren möglichst gleiche sein. (siehe Taf. 12.)

Soll die Binde ihren Zweck erfüllen, so darf sie natürlich nicht zu lose am Arm angelegt werden, denn sonst verschiebt sie sich schon nach kurzer Zeit aus ihrer Lage heraus. Sie darf aber auch nicht zu fest angelegt werden, denn sonst kann sie leicht eine venöse Stauung in den peripher gelegenen Teilen, hier also in den Fingern hervorrufen. Da man den Lernenden auf die Gefahr einer zu festen Umschnürung des betreffenden Körperteiles aufmerksam machen muss, so macht man meist die Beobachtung, dass der Anfänger die Binde zu locker wickelt. Durch Uebung lernt man aber bald, die richtige Spannung der Binde herzustellen. Man erreicht diesen richtigen Spannungsgrad der Binde am besten in der Weise, dass man die Binde während des Momentes des Umwickelns selbst leicht und elastisch anzieht. Es ist das besser als die Art und Weise, die der Anfänger meistens übt, dass er nämlich die Bindentour vollständig anwickelt und dann erst am Bindenkopf zieht.

Wenn man nun vom Handgelenk an den Vorderarm nach dem Ellenbogengelenk hin in der geschilderten Weise einwickelt, so dass die einzelnen Touren sich etwa zur Hälfte oder zu Zweidrittel decken, so wird man schon nach wenigen Touren merken, dass die einzelnen Touren sich dem Gliede nicht mehr vollständig anlegen, dass sie vielmehr an ihren unteren Rändern von demselben abstehen. Je stärker der Vorderarm ist, um so eher wird sich dieses Abstehen bemerkbar machen.

Man trifft diese Erscheinung, d. h. das mangelhafte Anliegen der unteren Ränder der Binde an allen denjenigen Körperteilen, welche von der Peripherie nach dem Centrum hin kegelförmig an Dicke zunehmen, so namentlich

Tafel 9.

Ausführung der Dolabra reversa.
(I. Akt: Haltung der Binde vor dem Umschlag.)

Tafel 11.

Ausführung der Dolabra reversa (III. Akt: Umschlag vollendet).

Tafel 12.

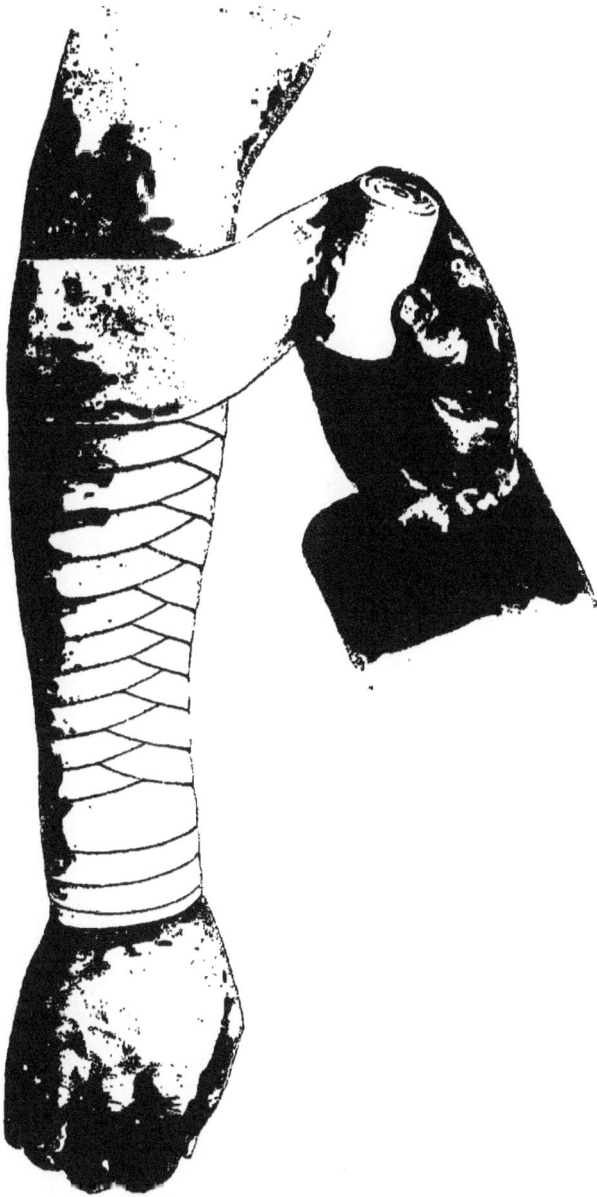

Dolabra currens und Dolabra reversa.

am Unterarm, am Unterschenkel, in geringerem Grade
am Oberarm und Oberschenkel. Um auch an diesen
Teilen überall ein glattes Anliegen der Binde zu erreichen, muss man sich eines Kunstgriffes bedienen: der
Dolabra reversa oder des Renversé.

Die Dolabra reversa (Tafel 9, 10 & 11) ist
nichts anderes als ein Umschlagen der Binde, so dass
dieselbe etwa um die Hälfte verschmälert wird. Um
einen solchen Umschlag kunstgerecht zu machen, führt
man, sobald man merkt, dass die betreffende Tour
sich nicht glatt anlegt, die Binde leicht schräg in die
Höhe, zieht sie leicht an, fixiert den unteren Rand in
der Mitte des Vorderarmrückens mit dem Daumen der
linken Hand (Tafel 9) und dreht nun die den Bindenkopf haltende rechte Hand, die in Mittelstellung zwischen
Pronation und Supination steht, in Pronationsstellung
um, indem man sie gleichzeitig dem Vorderarm nähert
und etwas nach dem Handgelenk des Patienten hin führt.
(Taf. 10.) Durch diese Manipulation erreicht man, dass sich
die Binde gerade in ihrer Hälfte umschlägt. (Taf. 11.) Den
umgeschlagenen Teil der Binde führt man nun kreisförmig
um den Vorderarm herum, so dass der untere Rand der
neuen Tour dem unteren Rand der vorhergehenden Tour
parallel läuft. Beim Umführen der Binde um den Vorderarm muss man dieselbe wieder leicht und elastisch
anspannen. Hat man den Umschlag richtig gemacht, so
findet gerade in der Mitte des Vorderarms eine Kreuzung
der umgeschlagenen Bindentour mit der vorhergehenden
statt. Man spannt nun die Binde wieder an, fixiert sich
die ebengenannte Kreuzungsstelle mit dem Daumen der
linken Hand, schlägt dann die Binde mit der rechten Hand
in der obengeschilderten Weise um, führt die Tour wieder
parallel der vorhergehenden um den Vorderarm herum und
führt so fort bis in die Gegend des Ellenbogengelenks,
d. h. bis man sieht, dass sich die Bindentouren dem wieder
gleichmässig rund gewordenen Vorderarm auch ohne Umschlag glatt anschmiegen. Bei einem gut angelegten Renversé sollen sich sämtliche Kreuzungsstellen der Binde in
einer geraden Linie in der Mitte des Vorderarms befinden.
(Taf. 12.)

8

Dem Anfänger will das Anlegen einer guten Dolabra reversa in der Regel nicht gelingen. Durch Uebung kommt er aber bald zum Ziel. Die Fehler, die er macht und die vermieden werden müssen, sind folgende: 1) wickelt er in der Regel den Bindenkopf zu weit ab, so dass er den langen abgewickelten Streifen nicht genügend beherrschen kann. Der Bindenkopf darf nur soweit abgewickelt werden, als etwa die Breite des betreffenden Gliedes beträgt; dann lässt er sich am bequemsten dirigieren; 2) spannt der Anfänger die Binde beim Umschlagen in der Regel zu stark an. Sobald er dies thut, legt sich die Binde in Falten und schlägt sich ungleichmässig um. Jede Faltenbildung muss aber auf das ängstlichste vermieden werden, weil an den betreffenden Stellen des Gliedes sonst leicht Druckstellen entstehen und die Compression eine ungleichmässige wird. Die Faltenbildung wird am besten vermieden, wenn man beim Umschlagen der Binde dieselbe dem einzuwickelnden Gliede nähert; 3) führt der Anfänger die umgeschlagene Binde meist nicht paralell der vorhergehenden Tour um den Arm herum, sondern so, dass die Binde eine divergierende Richtung nimmt. Dadurch aber kommt die Kreuzung der Binde in unregelmässiger Weise zu Stande.

Hat man eine Binde ganz abgewickelt und bedarf einer neuen zur weiteren Einwickelung des Gliedes, so ist ein kleiner Kunstgriff angezeigt. Um nämlich nachher beim Abwickeln der Binden nicht erst lange nach dem Ende der erst angelegten Binde suchen zu müssen, legt man die neue Binde stets so an, dass man den Anfang der neuen Binde ein kleines Stück weit unter das Ende der ersten Binde herunterführt; dann macht man eine Kreistour und erreicht so, dass einem nachher beim Abwickeln das Ende der ersten Binde von selbst in die Hand fällt. (Tafel 13.)

Soll der Verband vom Körper entfernt werden, so kann man ihn entweder abwickeln oder abschneiden.

Das Abwickeln der Binden geschieht nicht in der Weise, dass man das Ende der Binde nimmt und nun die Binde wieder in umgekehrter Richtung, wie man sie

Beginn einer neuen Binde.

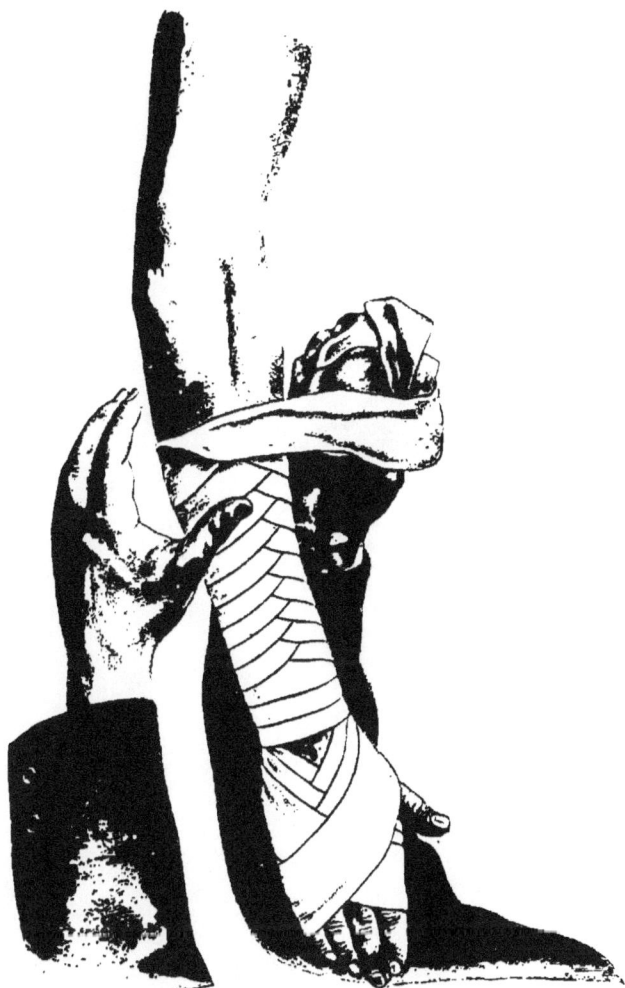

Abwickeln der Binde.

angewickelt hat, wieder aufwickelt. Das würde zu viel
Zeit beanspruchen und würde dem Patienten lästig sein.
Man nimmt vielmehr die Binde ungeordnet ab, indem
man, — möglichst ohne das verbundene Glied zu berühren
oder zu bewegen — die abgewickelten Bindentouren von
einer Hand in die andere gibt. (Tafel 14.)

Zum Aufschneiden der Verbände bedient man sich
zweckmässig der Seutin'schen Verbandscheere. (Taf. 5 a.)
Beim Aufschneiden des Verbandes hält man sich stets
über den dickeren Weichteilen und vermeidet, den Verband dort aufzuschneiden, wo er dicht über prominierenden
Knochenvorsprüngen liegt. Ebenso schneidet man nicht
direkt über einer Wunde auf, und schliesslich vermeidet
man womöglich das Schneiden im Winkel, also z. B. auf
der vorderen Seite des Fussgelenkes.

Verbände an der oberen Extremität.

Bleiben wir bei der oberen Extremität, so ist das
nächste, was der Anfänger zweckmässig übt, die

Spica oder Kornähre.

Als Spica oder Kornähre bezeichnet man die Einwicklung eines Gelenkes, derart, dass man peripher oder
central vom Gelenk mit einer Kreistour beginnt und das
Gelenk dann mit drei aufeinander folgenden, sich etwa
zu $2/3$ deckenden und parallel laufenden Achtertouren
umgibt, um schiesslich mit einer Kreistour zu schliessen,
welche die erste Kreistour deckt.

Fängt man peripher von dem Gelenk an und wickelt
gegen das Centrum hin, so müssen die einzelnen Bindentouren ansteigen — es entsteht eine Spica ascendens;
fängt man dagegen central vom Gelenk an und wickelt
gegen die Peripherie hin, so steigen die Bindentouren ab
— es entsteht eine Spica descendens.

Zwischen der Kreistour und der ersten Achtertour
soll bei einer regelrecht angelegten Spica ein kleiner
dreieckiger Raum frei bleiben, das sogenannte Gera-
nium.

10

Unter Befolgung dieser Regeln wird die

Spica manus descendens. (Tafel 15.)

an der rechten Hand so angelegt: Kreistour oberhalb des
Handgelenkes. Achtertour um das Handgelenk, so zwar,
dass die Binde von der Kreistour aus schräg über den
Handrücken, zum Zeigefinger hin, um den Radialrand
des Zeigefingers und den Ulnarrand des kleinen Fingers
herum und schräg über den Handrücken hin wieder zum
Handgelenk zurückgeführt wird. Dieser ersten Achtertour folgen dann noch zwei weitere gleiche Achtertouren,
welche der ersten parallel laufen und sich so decken,
dass stets der nach dem Handgelenk hinsehende Rand
der vorhergehenden Tour freigelassen wird. Hat man
die drei Achtertouren gewickelt, so wird der Verband
mit einer „Schluss"kreistour um das Handgelenk geschlossen, welche die erste Kreistour deckt.

Die so entstandene Spica manus ist eine descendierende;
sie dient zur Feststellung des Handgelenkes.

Die **ascendierende Spica manus** würde mit einer
Kreistour um die Hand herum beginnen, und die Achtertouren würden sich so decken, dass immer der nach
den Fingern hinsehende Rand der vorhergehenden Tour
freibliebe. Diese Spica manus ascendens wird aber in
der Praxis sehr selten verwendet.

Spica pollicis descendens. (Tafel 16.)

Kreistour um das Handgelenk, drei descendierende Achtertouren um das Metacarpophalangealgelenk
des abduciert stehenden Daumens. Schlusszirkeltour um
das Handgelenk herum.

Die Spica, die man an den anderen vier Fingern
macht, bezeichnet man in der Regel als

Chirotheca dimidia. (Tafel 17.)

Der betreffende Verband, nehmen wir nun irgend
einen Finger, z. B. den Zeigefinger, wird in der Weise
angelegt, dass mit einer Kreistour um das Handgelenk
begonnen wird, dass dann drei descendierende Achtertouren um das Metacarpophalangealgelenk des Zeigefingers und endlich wieder eine Schlusstour um das

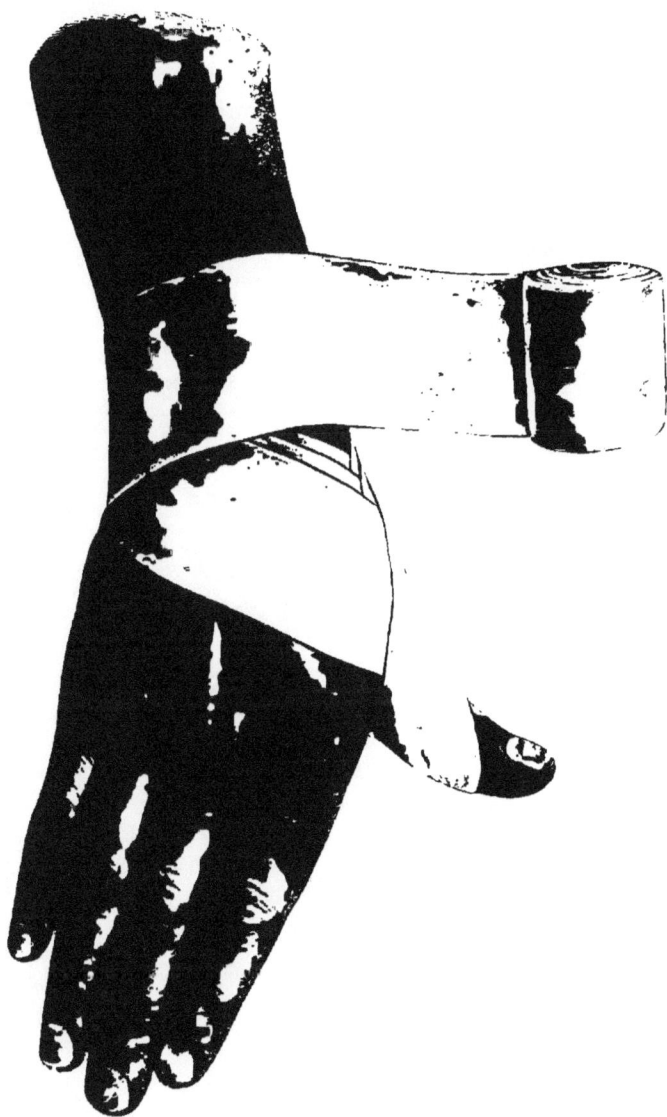

Spica pollicis descendens.

Tafel 17.

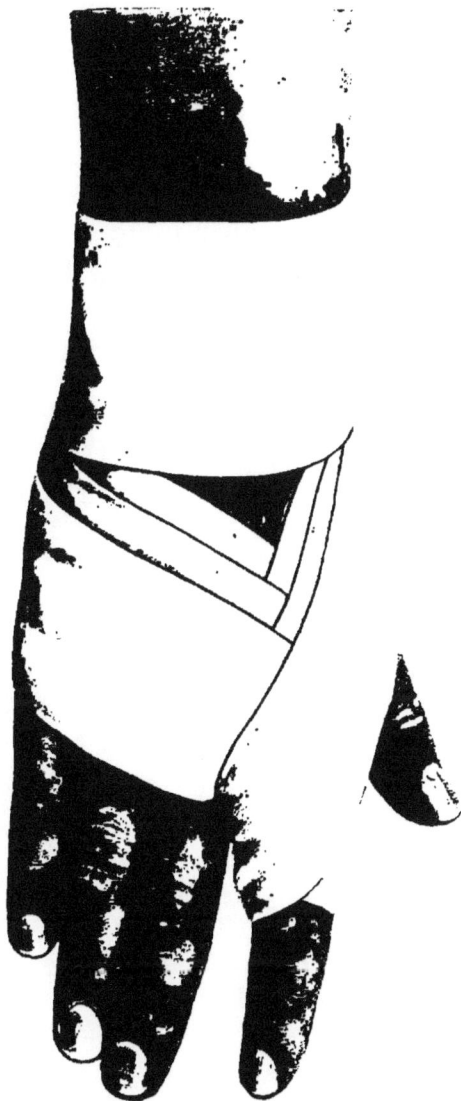

Chirotheka dimidia (χείρ die Hand und θήκη die Binde).

Beginn der Chirotheka completa.

Chirotheka completa.

Tafel 20.

Einhüllung der Fingerkuppe.

11

Handgelenk folgen. Die Achtertouren sollen nur die Grundphalanx des Fingers decken und das erste Interphalangealgelenk nicht übersteigen.

Will man den ganzen Finger einwickeln, so geschieht dies mittelst der

Chirotheca completa. (Tafel 18 & 19.)

Die Einwickelung des ganzen Fingers ist in Anbetracht der so häufigen Panaritien und Fingerverletzungen in der Praxis sehr oft auszuführen, und ist der Verband daher gehörig einzuüben.

Nehmen wir wieder den rechten Zeigefinger als Beispiel, so beginnen wir mit einer Kreistour um das Handgelenk, führen die Binde, die nicht zu breit sein darf, von der Kreistour aus schräg über den Handrücken nach dem Zeigefinger hin, führen sie um den Radialrand desselben herum und gehen nun sofort mit Spiralwindungen, also mit einer Dolabra serpens bis an die Spitze des Fingers heran. (Tafel 18.) Von der Spitze des Fingers an wickelt man nun mit gleichmässig sich deckenden Touren einer Dolabra currens gegen die Basis des Fingers hin, indem man, wenn nötig, einen oder den anderen Umschlag hinzufügt. Ist man mit den Kreistouren bis unmittelbar an die Basis des Fingers gelangt, so führt man die Binde in Form einer halben Achtertour nach dem Radialrand des Vorderarmes hin und schliesst mit der Kreistour über der ersten Kreistour um das Handgelenk. (Tafel 19.)

Die Touren um den Finger müssen so fest angelegt sein, dass man sie von demselben nicht durch einfachen Zug entfernen kann.

Der geschilderte Verband lässt die Kuppe des Fingers frei. Will man auch die Fingerkuppe mit zudecken (Taf. 21), was beim Anlegen antiseptischer Verbände nötig ist, so legt man den Verband genau in derselben Weise an, wie er eben geschildert wurde, schliesst dann aber nicht mit der Kreistour, sondern führt die Binde in ihrer ganzen Breite erst noch einmal schräg über den Handrücken und den ganzen Finger herüber,

deckt mit ihr die Fingerkuppe zu, führt sie nun an
der volaren Seite des Fingers und der Hand nach
dem Processus styloideus radii hin, wobei man ja nicht
die Binde anziehen darf, weil sonst ein unleidlicher
Druck auf die Fingerspitze entsteht, führt dann die
Binde wieder über den Handrücken und in Spiralwindungen bis zur Spitze des Fingers und wickelt nun
schliesslich wieder wie vorher von der Spitze des Fingers nach seiner Basis hin, macht an letzterer angekommen noch eine halbe Achtertour in gleicher Weise
wie vorhin und schliesst mit einer Zirkeltour um das
Handgelenk.

Involutio digitorum. (Tafel 21.)

Die Einwicklung aller fünf Finger, die
Involutio digitorum geschieht in der Weise, dass
man mit einer Kreistour um das Handgelenk herum
beginnt und dass man dann, vom Daumen oder kleinen
Finger angefangen, sämtliche Finger der Reihe nach,
nach Art der eben beschriebenen Chirotheca completa,
einwickelt. Man gelangt von dem einen Finger zum
andern so, dass man nach Ausführung der halben Achtertour, welche die Chirotheca completa beendigt, die Binde
schräg über den Handrücken zu dem nächsten Finger
führt, um dann mit Spiralwindungen an die Spitze desselben zu gelangen und von dieser dann wieder bis
zur Basis des Fingers zurückzuwickeln. Den Schluss
bildet eine Zirkeltour um das Handgelenk herum.

Die Einwicklung des Ellbogengelenkes

geschieht mittelst eines Verbandes, den man als Testudo cubiti (testudo die Schildkröte) bezeichnet.

Man unterscheidet eine testudo cubiti inversa
und reversa.

Testudo cubiti inversa. (Tafel 22.)

Man legt den Verband am besten bei leicht gebeugtem Ellbogengelenk an. Den Beginn der Binde bildet
eine Kreistour, die man etwa handbreit unterhalb des

Involutio digitorum.

Testudo cubiti inversa.

Tafel 23.

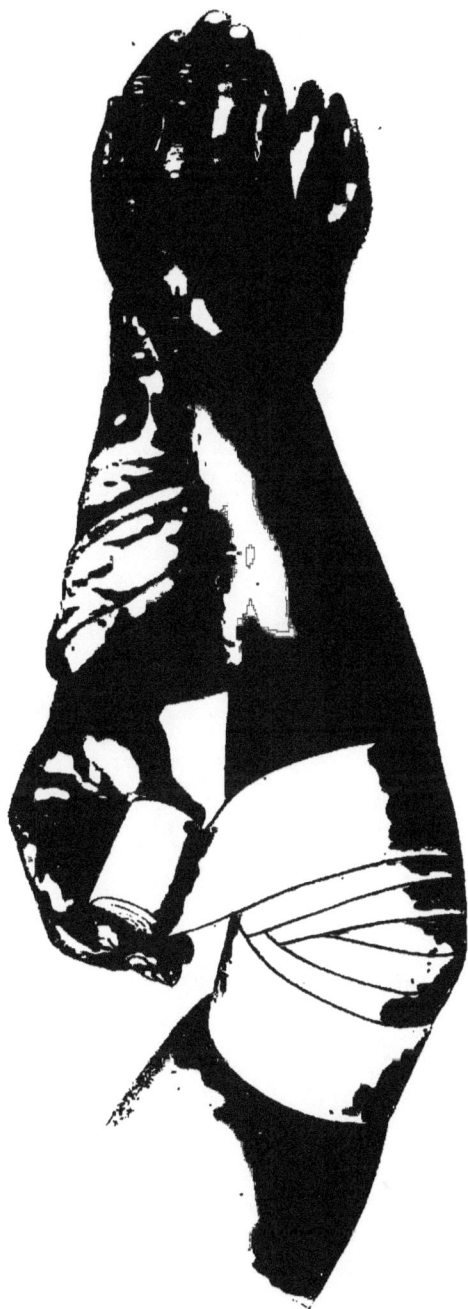

Testudo cubiti reversa.

13

Ellbogengelenkes anlegt. Von dieser Kreistour aus führt
man nun die Binde nach der Ellenbeuge hin, über dieselbe hinweg. um den untern Teil des Oberarmes herum,
wieder über die Ellenbeuge hin und zur Kreistour zurück.
So hat man das Ellbogengelenk mittelst einer Achtertour umgangen. Dieser ersten Achtertour sollen nun
noch zwei weitere Achtertouren in der Weise folgen,
dass die einzelnen Touren sich etwa zur Hälfte decken,
so zwar, dass immer der Rand der vorhergehenden
Tour zugedeckt wird. der gegen das Ellbogengelenk
hinschaut. Die Kreuzung der einzelnen Bindentouren
findet stets in der Ellenbeuge statt. Wickelt man die
Achtertouren in der angegebenen Weise an, so hat man
mit der dritten Achtertour den ganzen von der ersten
Achtertour freigelassenen Raum an der Hinterseite des
Gelenkes zugedeckt. Hat man die dritte Achtertour
vollendet, so schliesst man den Verband mit einer Kreistour, die gerade über das Gelenk hinweg verläuft.

Man hat so eine Kreistour mitten um das Gelenk
erhalten. von der aus je drei Touren nach dem Oberarm
hin aufsteigen. nach dem Unterarm hin absteigen.

Der Anfänger macht bei der Anlegung der testudo
cubiti inversa gewöhnlich einige Fehler. Der erste Fehler
ist der, dass er zu tief unterhalb des Ellenbogengelenks
anfängt. so dass er mit den drei vorgeschriebenen Achtertouren das Gelenk nicht einwickeln kann. Ein weiterer
Fehler ist der, dass er von der Anfangskreistour aus
nicht gleich über die Ellenbeuge sondern über die Streckseite des Gelenkes hinweggeht. und schliesslich führt er
die Schlusskreistour nicht um das Gelenk herum. sondern
dieselbe legt unterhalb desselben an.

Testudo cubiti reversa. (Tafel 23.)

Hatte man bei der vorhergehenden Tour unterhalb
des Gelenkes angefangen und gegen das Gelenk hin
gewickelt. daher der Name inversa, so beginnt man bei
der testudo reversa mit der Kreistour gerade über das
Gelenk hinweg. Im Anschluss an diese Kreistour macht
man dann, indem man die Binde zunächst wieder von

der Kreistour aus über die Ellenbeuge hinführt, drei
Achtertouren um das Gelenk herum in der Weise, dass
man stets denjenigen Rand der vorhergehenden Tour zuwickelt, der vom Gelenk wegschaut. Man schliesst
schliesslich die Binde mittelst einer Kreistour unterhalb
des Gelenkes.

Der Fehler, der bei Anlegung dieser Testudo meist
zuerst gemacht wird, ist der, dass die Binde von der
Anfangstour aus nicht über die Ellenbeuge, sondern über
das Olecranon hinweg in die Höhe geführt wird, so dass
die Kreuzung der Binden nicht in der Ellenbeuge, sondern auf der hinteren Seite des Ellbogens stattfindet.

Die Einwicklung des Schultergelenkes

geschieht mittelst der Spica humeri. Wir haben hier
wieder eine Spica humeri ascendens und eine Spica humeri
descendens zu unterscheiden. Die

Spica humeri ascendens. (Tafel 24.)

beginnt mit einer Kreistour am oberen Ende des Oberarms etwa in der Höhe des Deltoidesansatzes. Von der
Kreistour aus umgeht man nun das Schultergelenk mit
einer Achtertour in der Weise, dass man die Binde über
die Schulterhöhe hinweg, schräg über die Brust, unter
der Achsel der gesunden Seite hin, schräg über den
Rücken und über die Schulterhöhe zurück zur Kreistour
führt. Dieser ersten Achtertour lässt man noch zwei
weitere Achtertouren folgen, derart, dass die einzelnen
Touren sich parallel laufen und sich etwa zu zwei Dritteln
so decken, dass immer der obere Rand der vorhergehenden
Tour zugewickelt wird, die Touren also ascendieren. Nach
Beendigung der letzten Achtertour wird eine die erste
Kreistour deckende Schlusszirkeltour angelegt.

Spica humeri descendens. (Tafel 25.)

Man beginnt mit einer Kreistour um die Brust herum
in der Höhe der Brustwarzen, und zwar muss man, wenn
man die rechte Schulter des Patienten einwickeln will,
mit dem Bindenanfang an der linken Seite des vor einem
stehenden Patienten beginnen, muss also entgegengesetzt

Spica humeri ascendens.

Spica humeri descendens.

Einwickelung des ganzen Armes.

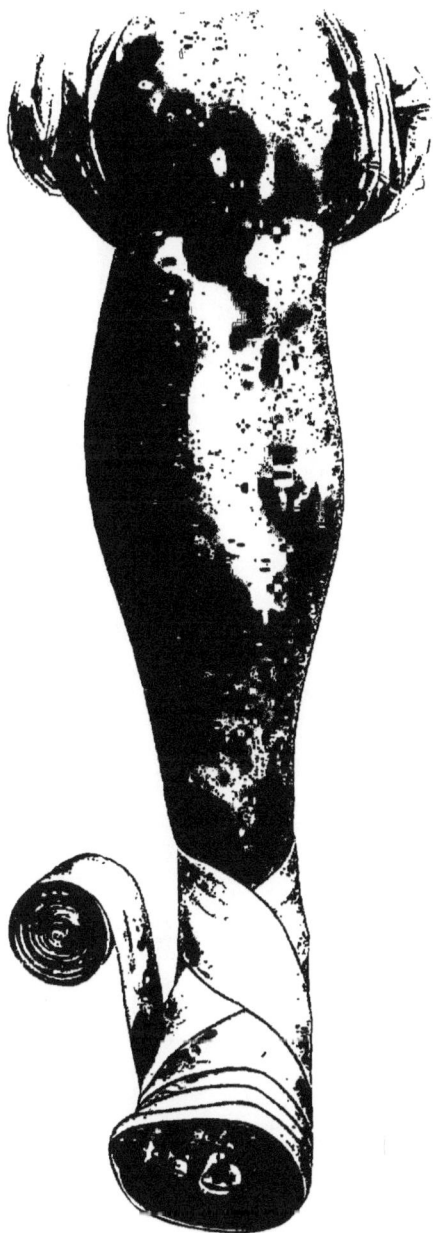

Stapes.

der vorher gegebenen allgemeinen Regel jetzt von rechts nach links wickeln. Will man die linke Schulter einwickeln, so beginnt man an der rechten Seite des Patienten und wickelt dann nach der allgemein giltigen Regel. Von der Kreistour um die Brust aus führt man die Binde schräg über die Brust zur Schulterhöhe hin, um die Achsel herum, wieder über die Schulterhöhe hinweg und schräg über den Rücken zur Anfangsstelle zurück. Dieser ersten Achtertour folgen dann noch zwei weitere Achtertouren, die einander parallel laufen und sich so decken, dass immer der untere Rand der vorhergehenden Tour zugewickelt wird. Den Schluss bildet wieder eine Kreistour um die Brust herum.

Die Einwicklung der ganzen oberen Extremität,
(Tafel 26.)

auch wohl nach dem Chirurgen Theden Involutio brachii Thedenii genannt, wurde in früheren Jahren namentlich dann angewendet, wenn beim Aderlass die Arteria cubitalis verletzt worden war. Heutzutage bedient man sich ihrer noch zur Compression bei ödematösen oder emphysematösen Anschwellungen des Armes, namentlich aber zum Zwecke der sogenannten Autotransfusion, um bei drohender Blutleere des Gehirns den Blutzufluss zu der betreffenden Extremität möglichst einzuschränken.

Die Einwicklung geschieht kunstgerecht derart, dass man zunächst sämtliche Finger in der vorherbeschriebenen Weise mittelst der Chirotheca completa einwickelt, dass man nach vollendeter Fingereinwicklung ein Spica manus ascendens anschliesst, dass man dann den Vorderarm mit einer Dolabra currens, respektive reversa bis zum Ellbogengelenk umgibt, an diesem angekommen, eine testudo cubiti inversa macht, um darauf am Oberarm mittelst der Dolabra currens, resp. reversa bis zum Deltoidesansatz anzusteigen und schliesslich mit einer Spica humeri ascendens zu endigen.

Verbände an der unteren Extremität.

Stapes oder Steigbügel. (Tafel 27.)

Der Stapes oder Steigbügel wurde in früheren Jahren
angelegt, wenn man einen Aderlass am Fusse gemacht
hatte. Man beginnt mit einer Kreistour an der Basis
der Zehen, macht im Anschluss an diese Kreistour drei
aufsteigende Touren einer Dolabra currens und schliesst
mit einer Achtertour um das Fussgelenk herum.

Spica pedis descendens. (Tafel 28.)

Die Spica pedis descendens, auch wohl San-
dalium genannt, entspricht der Spica manus. Man beginnt mit einer Kreistour oberhalb der Knöchel, macht
dann, — den rechten Fuss des Patienten angenommen —,
drei descendierende Achtertouren um das Fussgelenk
herum in der Weise, dass die Binde jeweils von der
Kreistour aus schräg über den Fussrücken, nach dem
medialen Rand des Fusses hin, um die Fusssohle herum
und wieder schräg über den Fussrücken zurück zur Kreistour läuft, und endigt mit einer Schlusskreistour oberhalb
der Knöchel.

Testudo calcanei. (Tafel 29.)

Die Testudo calcanei entspricht der Testudo cubiti
inversa. Man beginnt mit einer Kreistour um den Fussrücken herum, schliesst an diese Kreistour eine Achtertour um das Fussgelenk an, mit Kreuzung der Bindentouren gerade in der Mitte des Fussrückens, schliesst dieser ersten Achtertour noch zwei weitere Achtertouren an,
so dass immer derjenige Rand der vorhergehenden Tour
eingewickelt wird, der nach der Ferse schaut, und endigt mit einer Kreistour gerade über die Ferse hinweg.

Testudo calcanei zum Zwecke eines antiseptischen Verbandes. (Tafel 30.)

Wenn man die testudo calcanei in der eben beschriebenen Weise anlegt, so schmiegen sich die einzelnen Touren den Umrissen des Fusses an der Fuss-

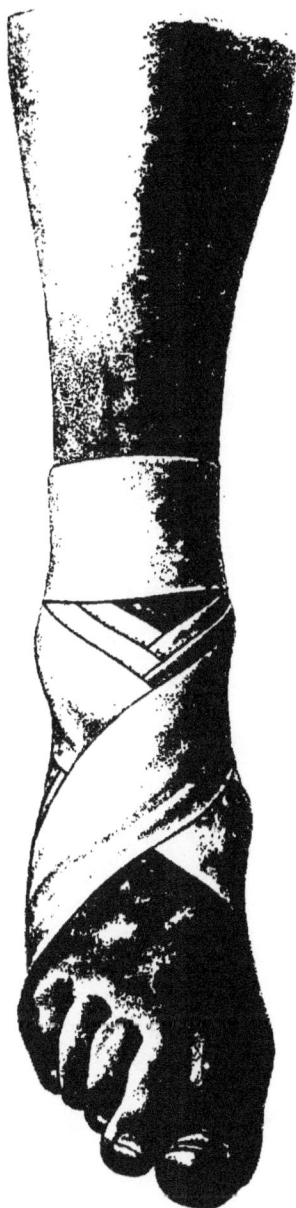

Spica pedis descendens.

Testudo calcanei.

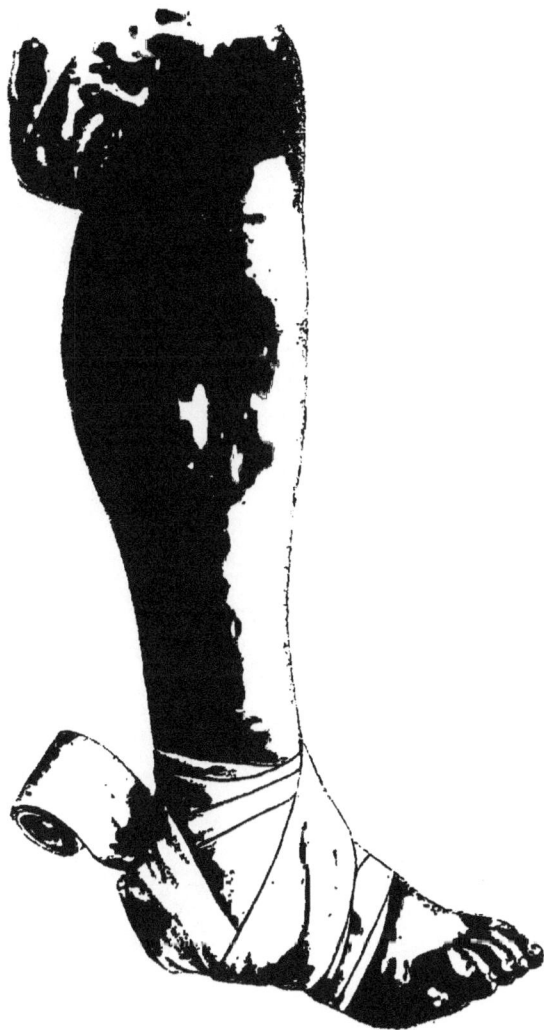

Testudo calcanei mit Abschluss der Ferse.

Einwickelung des Fusses von den Zehen an.

Einwickelung des ganzen Fusses.

sohle und über der Achillessehne niemals glatt an, klaffen vielmehr an diesen Stellen mehr oder weniger erheblich. Um auch an diesen Stellen einen festen Halt für die Binden zu gewinnen und ein Abrutschen derselben zu verhüten, fügt man der eigentlichen Testudo calcanei zweckmässig einige Bindentouren hinzu, welche einen wirklichen Abschluss der Ferse herbeiführen. Man erzielt einen solchen, wenn man die Binde nach vollendeter testudo calcanei schräg über den Fussrücken, zur Fusssohle hin, um diese herum, schräg gegen die Achillessehne hin, um diese herum, wieder zum Fussrücken zurück, jetzt nach der anderen Seite hin zur Fusssohle, um dieselbe herum, wieder schräg gegen die Achillessehne hin und zum Fussrücken zurückführt.

Einwicklung des Fusses von den Zehen an. (Tafel 31.)

Will man den Fuss einwickeln, ohne die Zehen mit in den Verband hereinzunehmen, so combiniert man zweckmässig den Stapes mit der testudo calcanei. Man beginnt an der Zehenbasis und wickelt zuerst regelrecht den Stapes; die Achtertour des Stapes, die man um das Fussgelenk herumgewickelt hat, benutzt man nun gleich als erste Achtertour für die testudo calcanei, wickelt also die Ferse nur noch mit zwei weiteren Achtertouren und der Schlusskreistour ein und fügt nach Vollendung dieser noch den sit venia verbo-antiseptischen Fersenabschluss hinzu.

Einwicklung des ganzen Fusses. (Tafel 32.)

Will man auch die Zehen mit in den Verband hineinnehmen, so macht man den Verband zunächst genau in der eben beschriebenen Weise, dann aber führt man die Binde in Längstouren von der Ferse über die Zehen hinweg, zur Ferse zurück, indem man an einer Seite des Fusses anfängt und die Längstouren dann nach der andern Seite hinführt, so dass sie sich leicht decken, bis die Zehen vollständig eingeschlossen sind. Jede Spannung dieser Längstouren muss auf das sorgfältigste vermieden werden, da sonst ein unleidlicher Druck oder

18

Zug auf die Zehen entsteht. Sind die Zehen vollständig verdeckt, so wickelt man nun die Längstouren mit Kreistouren ein, die man von der Spitze der Zehen nach dem Unterschenkel hinführt. Einige Achtertouren um das Fussgelenk herum, die man einschaltet, sorgen dafür, dass die Binde nicht abrutscht.

Einwicklung des Unterschenkels. (siehe Tafel 38.)

Zur Einwicklung des Unterschenkels legt man zunächst eine Kreistour um die Knöchel herum an und geht dann mit gleichmässig sich deckenden Touren einer Dolabra currens resp. reversa bis zum Knie in die Höhe.

Der Unterschenkel ist sehr geeignet, um an ihm das Anlegen der Renversé's zu üben. Bei einem gut sitzenden Verband sollen die Renversé's in einer Linie in der Mitte des Unterschenkels liegen.

Die

Einwicklung des Knies

geschieht mittelst der Testudo genu inversa oder reversa.

Testudo genu inversa. (Tafel 33.)

Bei leicht gebeugtem Knie macht man eine Kreistour am oberen Ende des Unterschenkels, führt die Binde über die Kniekehle hinweg, mit einer Achtertour um das Gelenk herum, lässt dieser ersten Achtertour noch zwei weitere Achtertouren folgen, die sich in der Kniekehle kreuzen und sich so decken, dass immer der nach dem Kniegelenk hinsehende Rand der vorhergehenden Tour zugewickelt wird, und schliesst mit einer Kreistour, gerade über die Patella hinweg. So hat man wieder eine Kreistour über das Gelenk hinweg und je drei von dieser aufsteigende und absteigende Touren.

Testudo genu reversa. (Tafel 34.)

An eine Kreistour gerade über die Patella hinweg schliesst man drei sich in der Kniekehle kreuzende Achtertouren an, die so um das Gelenk herumgeführt werden, dass immer der vom Kniegelenk wegsehende Rand der vorhergehenden Tour zugewickelt wird.

Testudo genu inversa.

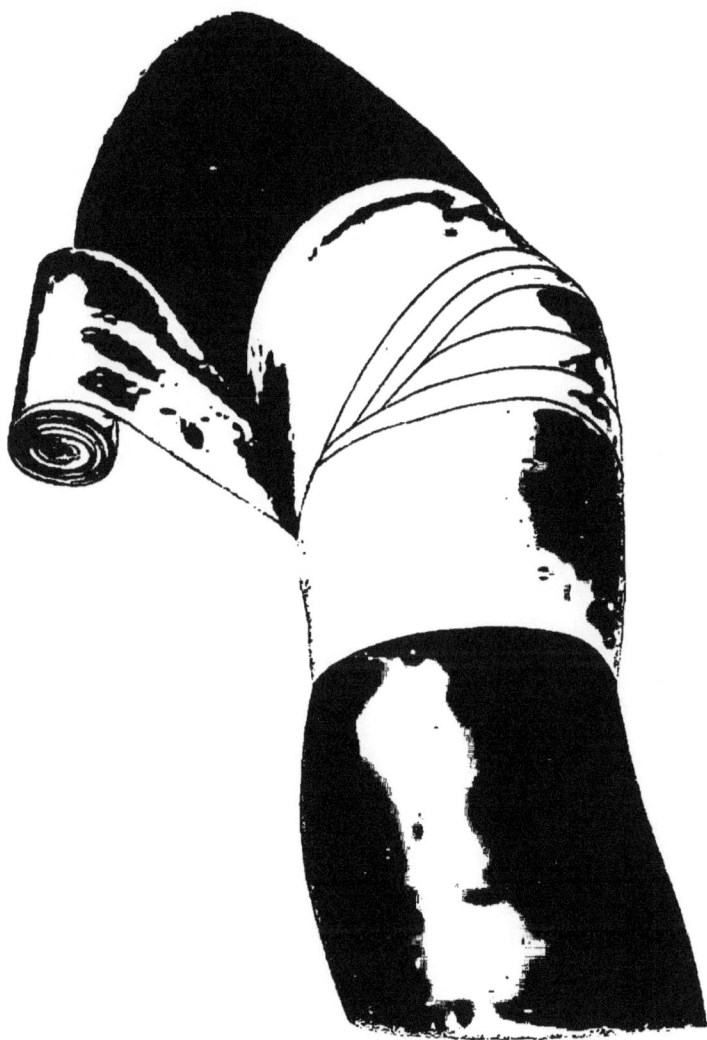

Testudo genu reversa.

Tafel 35.

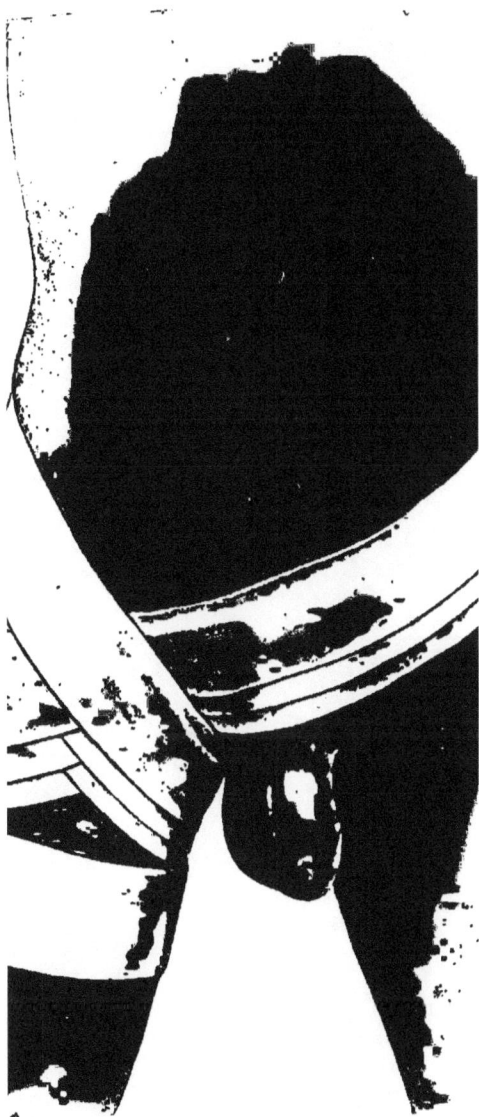

Spica coxae ascendens.

Spica coxae descendens.

Die
Einwicklung des Oberschenkels (siehe Tafel 38)
geschieht vom Kniegelenk aus mit gleichmässig sich
deckenden Touren einer Dolabra currens resp. reversa.

Zur
Einwicklung der Hüfte
bedient man sich der Spica coxae ascendens oder Spica
coxae descendens.

Spica coxae ascendens. (Tafel 35.)

Von einer Kreistour am oberen Ende des Ober-
schenkels aus geht die Binde nach vorn schräg über
den Unterleib hinweg um den unteren Teil des Rückens
herum und wieder nach vorn zum Oberschenkel an die
Kreistour zurück. So ist die erste Achtertour um das
Hüftgelenk entstanden, welcher man noch zwei in gleicher
Weise verlaufende aufsteigende Achtertouren folgen lässt.
Die Schlusskreistour deckt die Anfangskreistour.

Lässt man die Kreuzungen der Spica gerade in die
Leiste fallen und legt vorher einen Bausch Watte auf
diese, so erhält man einen guten Druckverband für ge-
schwollene Leistendrüsen.

Spica coxae descendens. (Tafel 36.)

Man beginnt mit einer Kreistour, die in der Höhe
des Nabels um das Abdomen herumgeht, und wickelt von
sich aus von links nach rechts, wenn man die linke
Seite des Patienten bandagieren will, von rechts nach
links aber, wenn die rechte Hüfte eingewickelt werden
soll. Von der Kreistour aus wickelt man die erste
Achtertour um das Hüftgelenk herum, indem man die
Binde schräg über das Abdomen herab, um den Oberschenkel herum und nach der Anfangsstelle der Kreistour hinführt. Dieser ersten Achtertour folgen dann noch
zwei weitere absteigende Achtertouren und die Schlusskreistour um das Abdomen herum.

Spica coxae duplex. (Tafel 37.)

Die Spica coxae duplex, mittelst deren man beide
Hüften einwickelt, ist ein praktisch ungemein wichtiger

Verband, weil er unentbehrlich ist zur exakten Anlegung
antiseptischer Verbände am unteren Ende des Leibes
und an den Hüften. Man beginnt, von links nach rechts
wickelnd, mit einer Kreistour um das Abdomen herum
in der Höhe des Nabels, führt von der Kreistour aus
die Binde schräg über den Unterleib hinweg nach abwärts zum linken Oberschenkel hin, um den Oberschenkel herum, zur Anfangsstelle der Kreistour zurück,
nun schräg nach vorne um den rechten Oberschenkel
herum, schräg nach aufwärts über den Unterleib hin,
und um den Rücken herum zur Anfangsstelle der Binde
zurück; so hat man je eine Achtertour um den linken
und rechten Oberschenkel gewickelt. In der gleichen
Weise führt man nun noch zwei weitere Achtertouren
absteigend um beide Hüften herum und schliesst mit
der Kreistour ebenso, wie man angefangen hat. Ist der
Verband richtig angelegt, so hat man eine Spica descendens gerade in der Linea alba etwa in der Mitte
zwischen Symphyse und Nabel und je eine Spica descendens um das rechte und linke Hüftgelenk.

Einwicklung der ganzen unteren Extremität. Involutio Thedenii extremitatis inferioris. (Tafel 38.)

Die Einwicklung der ganzen unteren Extremität
braucht man in der Praxis häufiger als die Einwicklung
der oberen Extremität. Die Indikation zur Einwicklung geben hydropische Anschwellungen, Varicen-
bildungen, Verletzungen, Anwicklung von Heftpflasterstreifen zu Streckverbänden und die Autotransfusion.
Man beginnt mit einer Kreistour an der Zehenbasis, wickelt von dieser aus regelrecht den Stapes,
schliesst an diesen die Testudo calcanei mit gehörigem
Fersenabschluss an, geht dann am Unterschenkel mit der
Dolabra currens, resp. reversa in die Höhe, macht
am Kniegelenk die Testudo genu inversa, wickelt
dann den Oberschenkel mit einer Dolabra currens
resp. reversa ein und schliesst mit einer Spica coxae
ascendens.
Die Uebung im regelrechten Einwickeln einer Ex-

Spica coxae duplex.

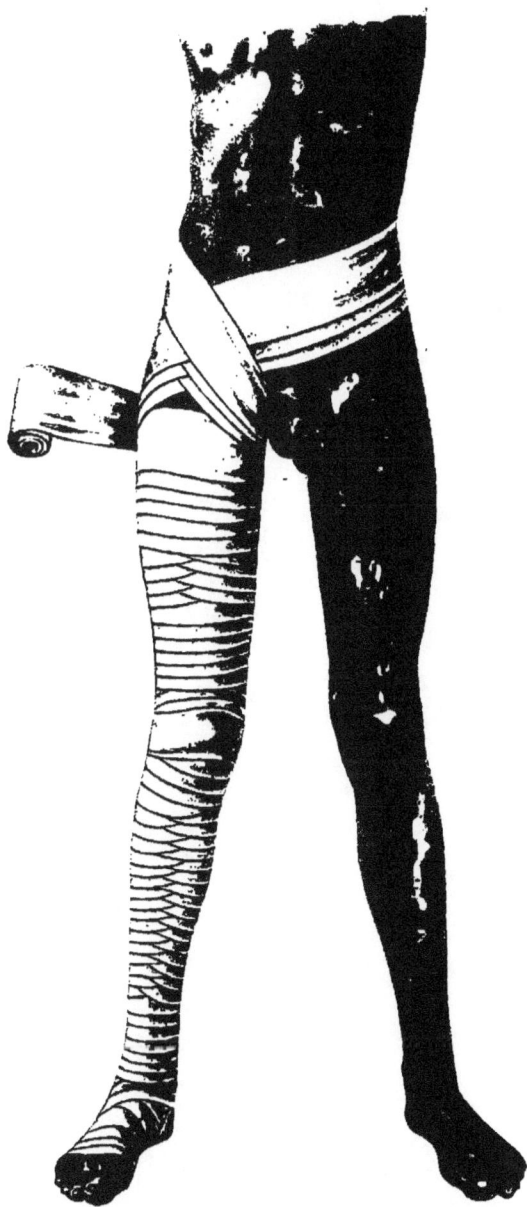

Einwickelung des ganzen Beines.

Capistrum simplex (gesunde Seite).

Tafel 40.

Capistrum simplex. (Kranke Seite.)

tremität in der genannten Weise, so dass kein Teil der
ganzen Extremität von den Zehen bis zur Leiste unbedeckt ist, dass die einzelnen Bindentouren sich dabei
gut und gleichmässig decken, dass sie ferner weder zu
fest noch zu locker angelegt sind, ist dem Anfänger sehr
zu empfehlen, denn er soll sich beim Anlegen eines solchen
Verbandes daran gewöhnen, die Ordnung und Genauig-
keit zu beobachten, die er bei der Verrichtung anderer
schwierigerer Handleistungen notwendig hat.

Nach der Einwicklung der Extremitäten lassen wir
in der Regel die

Kopfverbände

üben.

Der schwierigste der Kopfverbände ist das

Capistrum simplex. (Tafel 39 & 40.)

Das Capistrum simplex ist ursprünglich angegeben
worden, um bei Brüchen einer Unterkieferhälfte den gebrochenen Unterkiefer gegen den Oberkiefer zu schienen.
Es sollen, vor dem Ohr der kranken Seite beginnend,
drei vom Kinn nach dem Scheitel aufsteigende
Touren den Unterkiefer gegen den Oberkiefer andrücken.
Zwischen der zweiten und der dritten dieser aufsteigenden Touren soll eine über das Kinn und den Nacken
hingeführte Kreistour dem Verband eine genügende
Festigkeit geben, (sog. Kinntour), während der Schluss
oben durch eine Kreistour um Stirn und Hinterhaupt
erzielt wird. Auf der gesunden Seite sollen nicht drei,
sondern nur eine aufsteigende Tour vorhanden sein.

Der Verband wird in folgender Weise angelegt:
Will man die linke Gesichtsseite einwickeln, so legt man
das Bindenende horizontal über dem rechten Ohr des
Patienten an und macht nun von seiner eigenen linken
nach der rechten Seite wickelnd, also wie wir früher ausgeführt haben, von links nach rechts zunächst eine Kreistour um Stirn und Hinterhaupt. Zur Einwicklung der
rechten Seite beginnt man umgekehrt über dem linken
Ohr und wickelt mit seiner eigenen linken Hand von der

eigenen rechten nach der eigenen linken Seite, also von
rechts nach links. Von der Kreistour aus führt man nun
die Binde um den Nacken herum unter das Kinn, vor dem
Ohr der kranken Seite in die Höhe, auf den Scheitel,
hinter dem Ohr der gesunden Seite herab unter das Kinn,
vor dem Ohr der kranken Seite in die Höhe, so dass der
nach dem Auge hinsehende Rand der ersten aufsteigenden
Tour zugewickelt wird, auf den Scheitel zum Nacken hin,
wobei man die Binde möglichst nahe gegen das Ohr der
gesunden Seite hin führt, so dass sie nicht über den Hinterkopf abrutschen kann, um den Nacken herum, von der
kranken Seite her über das Kinn (Kinntour) zum
Nacken zurück, um den Hals herum, vor dem Ohr
der gesunden Seite in die Höhe auf den Scheitel, um den
Nacken herum, wobei man sich wiederum möglichst nahe
dem Ohr hält, unter das Kinn und mit der dritten Tour
aufsteigend zum Scheitel, von wo aus schliesslich mit einer
Kreistour um Hinterhaupt und Stirn geschlossen wird.

Ich halte das Capistrum simplex nicht nur für einen
guten Verband zur Uebung, sondern auch für recht praktisch. Wem er recht, sozusagen in Fleisch und Blut über-
gegangen ist, der wird niemals Schwierigkeiten bei Anlegung eines antiseptischen Verbandes am Kopfe haben.
Das Einzige, was an dem typischen Verbande unprak-
tisch ist, ist das Herabführen der ersten Tour hinter dem
Ohr der gesunden Seite, denn die so angelegte Bindentour sucht nach vorn abzurutschen und schneidet, wenn
man sie straff anzieht, an der Ohrmuschel ein. Es ist
daher praktisch besser, sie vor dem Ohr der gesunden Seite
herabzuführen.

Capistrum duplex. (Tafel 41.)

Bei dem Capistrum duplex, das ursprünglich für
doppelseitige Unterkieferfrakturen bestimmt war, sollen auf
jeder Seite drei vom Kinn nach dem Scheitel aufsteigende
Touren gewickelt werden; zwischen zweiter und dritter
Tour soll die Kinntour eingeschaltet sein. Man beginnt,
indem man das Bindenende auf die Mitte des Scheitels legt,
führt die Binde am äusseren linken Augenwinkel vorbei

Capistrum duplex.

Mitra Hippocratis.

nach dem Kinn, geht unter diesem herum zum äusseren
Augenwinkel der anderen Seite und zum Scheitel zurück.
So hat man gewissermassen eine Kreistour um Scheitel und
Kinn gemacht. Vom Scheitel aus geht man nun, sich möglichst nahe dem linken Ohr haltend, nach dem Nacken hin,
um diesen herum unter das Kinn, vor dem linken Ohr in
die Höhe, so dass der nach diesem Ohr hinschauende Rand
der vorhergehenden Tour zugewickelt wird, auf den Scheitel,
um den Nacken herum wieder möglichst nahe dem rechten
Ohr, unter das Kinn, vor dem rechten Ohr in die Höhe
auf den Scheitel, um den Nacken, von der rechten Seite
her über das Kinn (Kinntour), um den Nacken, um den
Hals, unter das Kinn, vor dem linken Ohr mit der dritten
Tour in die Höhe auf den Scheitel, um den Nacken herum
unter das Kinn und vor dem rechten Ohre mit der dritten
Tour in die Höhe auf den Scheitel; schliesslich Schlusskreistour um Hinterhaupt und Stirn.

Zur Deckung der Schädelwölbung bedient man
sich der

Mitra Hippocratis. (Tafel 42.)

Die Mitra Hippocratis wird mittelst einer doppelköpfigen Binde angelegt. Man fasst die beiden Bindenköpfe, wickelt sie etwas ab und legt die Mitte der Binde
auf die Stirn, so dass der untere Bindenrand die Augenbrauen berührt. Nun führt man die beiden Bindenköpfe
nach dem Nacken hin, kreuzt sie hier, lässt nun den einen
Bindenkopf, den wir als Bindenkopf a bezeichnen wollen,
von der Mitte des Nackens über die Mitte des Scheitels
hinweg bis zur Nasenwurzel, den anderen, den Bindenkopf
b, aber kreisförmig um Hinterhaupt und Stirn verlaufen.
Diese Kreistour deckt über der Glabella die von hinten
nach vorn verlaufende, mit dem Bindenkopf a beschriebene
Tour. Ist die Fixirung des Bindenkopfes a durch den
Bindenkopf b erfolgt, so führt man den Bindenkopf a
von der Glabella aus wieder über den Scheitel nach
dem Nacken zurück, wobei diese zweite Tour die erste
zu etwa einem Drittel deckt, und fixirt die Tour hinten
am Nacken wieder durch eine mit dem Bindenkopf b
ausgeführte Kreistour. Nun führt man den Bindenkopf a

wieder nach vorn zur Glabella hin, indem man jetzt die andere Seite der ersten von hinten. nach vorn ziehenden Tour zudeckt. So wickelt man nun allmählich die ganze Schädelwölbung ein, indem der Bindenkopf a immer nur von hinten nach vorn, resp. von vorn nach hinten, und zwar stets abwechselnd nach beiden Seiten hin geführt wird, während der Bindenkopf b immer nur Kreistouren um Hinterhaupt und Stirn macht, um die Touren des Bindenkopfes b zu fixiren. Soll der Verband gut sitzen, so muss die Kreuzung der Bindentouren am Hinterkopf stets unterhalb der Protuberantia occipitalis erfolgen.

Die
Verbände für die Augen

sind der Monoculus und Binoculus.

Monoculus. (Tafel 43.)

Der Monoculus, auch wohl Druckverband für das Auge genannt, beginnt mit einer Kreistour um Stirn und Hinterhaupt. Will man das linke Auge einwickeln, so legt man das Bindenende über dem rechten Ohr an und wickelt von sich aus von links nach rechts; um das rechte Auge zuzuwickeln, legt man das Bindenende über dem linken Ohr an und wickelt von sich aus mit der linken Hand von rechts nach links. Man verhält sich also hier genau so wie beim Capistrum simplex.

Von der Kreistour aus führt man die Binde zur Glabella, über das kranke Auge hinweg, unter dem Ohr der kranken Seite vorbei, um das Hinterhaupt herum, schräg aufsteigend über dem Ohr der gesunden Seite zur Kreistour zurück, deren oberen Rand man zudeckt. und zur Glabella hin. Auf dieser kreuzt man nun die erste Tour, führt die Binde wieder über das kranke Auge hinweg, so zwar, dass man nun den unteren Rand der vorhergehenden Tour zuwickelt, geht wieder unter dem Ohr der kranken Seite hin, um das Hinterhaupt herum, steigt steil. den oberen Rand der vorhergehenden Tour zuwickelnd, über die

Monoculus.

Binoculus.

Fascia nodosa.

Funda nasl.

wendet man sie noch gelegentlich zur Compression bei einem sich bildenden Aneurysma dieser Arterie, oder als Notverband bei Verletzungen derselben.

Der Verband wird mit einer doppelköpfigen Binde angelegt. Die Mitte dieser doppelköpfigen Binde legt man über das Ohr der gesunden Seite, führt beide Bindenköpfe über Stirn und Hinterhaupt nach der, wie wir annehmen wollen, verletzten Seite hin, kreuzt hier die Bindenköpfe, so dass der um die Stirn verlaufende Bindenkopf nach dem Scheitel zu, der vom Hinterhaupt kommende dagegen nach dem Kinne hin sieht, führt die Binden vom Scheitel resp. Kinn vor dem gesunden Ohr vorbei über den Scheitel resp. das Kinn hin zur verletzten Stelle, kreuzt hier wieder und wiederholt diese Touren mehrere Male. Durch die verschiedenen Kreuzungen der Bindentouren entstehen Knoten; soll der Verband seinen Zweck erfüllen, so müssen die einzelnen Knoten genau aufeinander zu liegen kommen; ist aber das letztere der Fall, so kann man wirklich eine starke Compression mit dem Verbande ausführen.

Funda nasi. (Tafel 46.)

Unter Funda oder Schleuder versteht man einen Bindenstreifen von etwa doppelt so grosser Breite, als sie gewöhnlich am Kopf verwendet werden, den man von beiden Seiten her bis auf ein etwa handbreites Mittelstück einreisst.

Zur Ausführung der Funda nasi legt man nun dieses Mittelstück auf die Nase, nimmt die beiden oberen Streifen, führt sie unter den beiden Ohren hinweg nach dem Hinterhaupt und knotet sie hier. Dann nimmt man die beiden unteren Streifen, führt sie in gleicher Weise über den Ohren nach dem Hinterhaupt, um sie dort gleichfalls zu knoten.

Funda maxillae. (Tafel 47.)

Zur Ausführung der Funda maxillae, auch Kinnschleuder genannt, legt man das Mittelstück auf das Kinn, so dass es mit seinem oberen Rand bis unter die Lippe, mit seinem unteren bis unter das Kinn reicht.

Funda maxillae.

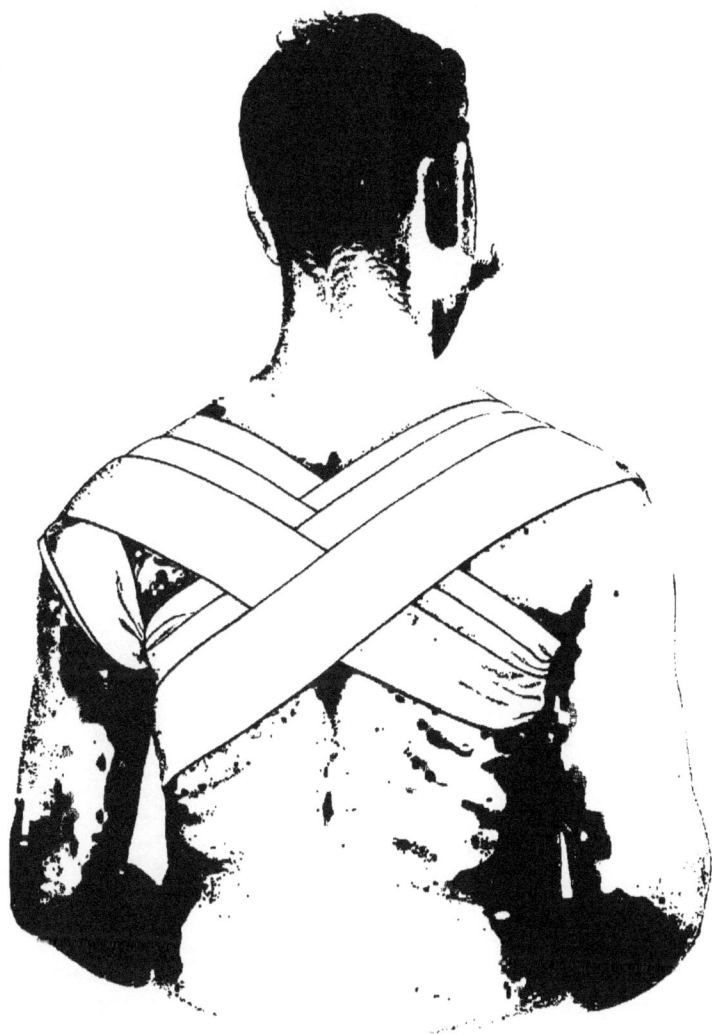

Stella dorsi.

Tafel 49.

Stella pectoris.

Stella pectoris et dorsi.

Die beiden oberen Streifen werden nun direkt nach hinten zum Nacken geführt, hier gekreuzt und nach der Stirn geleitet, wo sie geknüpft werden. Die beiden unteren Streifen werden, der eine vor dem einen Ohr, der andere hinter dem andern Ohr nach dem Scheitel hingeführt und hier ebenfalls geknotet.

Verbände am Rumpf.

Die

Petit'sche Achtertour und die Stella dorsi. (Tafel 48.)

Wenn man den Patienten, mit dem Rücken gegen sich gekehrt, vor sich hinstellt, wenn man dann die Binde vorn an der linken Achsel anlegt, eine Kreistour um die linke Schulter und Achselhöhle macht, die Binde dann über die Schulterhöhe hinweg, schräg über den Rücken, unter die Achselhöhle der anderen Seite, über die entsprechende Schulter hin, schräg über den Rücken zurück, durch die Achselhöhle der linken Seite hindurch und zur Höhe der linken Schulter zurück führt, so hat man die Petit'sche Achtertour ausgeführt.

Wickelt man nicht eine solche Achtertour, sondern drei derselben, die von oben nach unten hin absteigen, so hat man die Stella dorsi oder auch wohl Sternbinde oder Spica dorsi gemacht. Die Kreuzungsstellen der Bindentouren liegen gerade in der Mitte des Rückens über den Dornfortsätzen.

Stella pectoris. (Tafel 49.)

Man stellt den Patienten vor sich hin, macht unterhalb der Brustwarzen eine Kreistour, steigt von der rechten Achselhöhle aus schräg über die vordere Brustwand zur Schulterhöhe der linken Seite hin, geht an der hinteren Fläche der Schulter herab zur linken Achselhöhle hin und steigt von hier aus in gleicher Weise wie eben nach links, so jetzt schräg über die vordere Brustwand nach der rechten Schulterhöhe hin und über diese hinweg nach

28

der Achsel der rechten Seite. So hat man die erste Achtertour vollendet. Die Kreuzungsstelle der Binden liegt gerade auf der Mitte des Brustbeins. Der ersten Achtertour folgen nun noch zwei weitere aufsteigende Achtertouren, worauf der Verband mit einer Kreistour um die Brust geschlossen wird.

Stella pectoris et dorsi. (Tafel 50.)

Man legt das Bindenende in der Axillarlinie der rechten Seite an, macht von links nach rechts wickelnd, unterhalb der Brustwarzen eine Kreistour um die Brust und den Rücken, geht dann von der rechten Achsel aus schräg über die Brust nach der linken Schulter in die Höhe, an der Hinterfläche der linken Schulter hinab, durch die linke Achselhöhle hin, schräg über die Brust zur rechten Schulter hin, hinten an der rechten Schulter herunter, durch die rechte Achselhöhle hindurch, vorn an der rechten Achsel in die Höhe zur rechten Schulterhöhe, schräg über den Rücken zur linken Achselhöhle hin, vorn an der linken Achsel in die Höhe, zur linken Schulterhöhe und schräg über den Rücken hinweg nach der rechten Achselhöhle hin. So hat man vier Kreuzungen erzeugt: vorn über dem Brustbein, hinten über der Wirbelsäule und auf der Höhe beider Schultern.

In der gleichen Weise wie eben beschrieben, wickelt man nun noch zwei weitere aufsteigende doppelte Achtertouren über Brust und Rücken und schliesst mit einer Kreistour um Brust und Rücken.

Suspensorium mammae. (Tafel 51 & 52.)

Das alte Suspensorium mammae ist ein schlecht sitzender Verband, der wohl nur noch zu Uebungszwecken gelehrt wird. (Tafel 51.) Der Verband soll den Zweck haben, die weibliche Brust in die Höhe zu heben und sie in der Höhe zu halten. Man beginnt in der Achselhöhle der kranken Seite, wo man das Bindenende von einem Assistenten einstweilen halten lässt, geht mit der Binde dem unteren Rande der Brustdrüse entlang, schräg über die Vorderfläche des Brustkorbes zur Schulterhöhe

Tafel 51.

Altes, aber unpraktisches Suspensorium mammae.

Praktisches Suspensorium mammac.

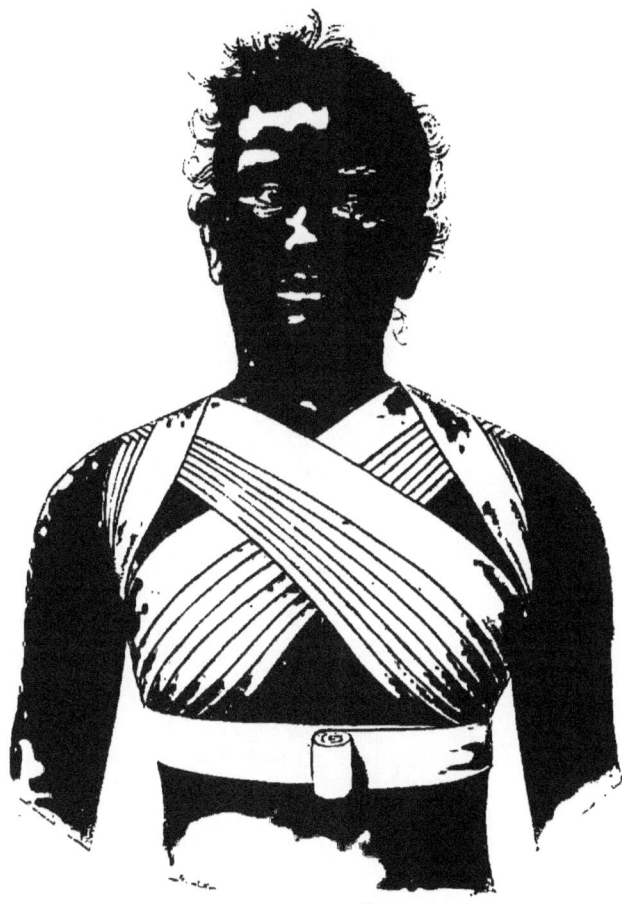

Suspensorium mammae duplex.
(Jede Brustdrüse ist für sich eingewickelt.)

Suspensorium mammae duplex.
(Beide Brustdrüsen sind abwechselnd eingewickelt worden.)

der gesunden Seite und umgibt diese Schulter mit einer
Achtertour, welche wieder nach der Achselhöhle der
kranken Seite hinführt. Von hier aus führt man nun
die Binde jetzt dem oberen Rand der Brustdrüse entlang,
vorn über die Brust, geht mit einer Achtertour um die
gesunde Schulter herum und wieder zur Achselhöhle
der kranken Seite zurück. Man führt nun von hier aus
in gleicher Weise noch je eine Bindentour an der unteren und oberen Brusthälfte, welche den nach der Brustwarze hinsehenden Rand der vorhergehenden Tour zudeckt und schliesst mit einer Kreistour, die gerade über
die Mitte der kranken Brust hinwegläuft und die Brustwarze zudeckt.

Wie schon gesagt, sitzt das in dieser Weise ausgeführte Suspensorium sehr schlecht. Will man wirklich
eine Brustdrüse in die Höhe heben und hoch
halten, so verfährt man besser in folgender Weise. Man
lässt die Brustdrüse, während man selber den Verband
anlegt, von einem Assistenten von unten her mit seiner
ganzen Hand in die Höhe heben. Man beginnt nun
mit einer Kreistour, die man unterhalb der Brustdrüse
von links nach rechts wickelnd um die vordere und
hintere Seite des Thorax herumführt. Nach vollendeter Kreistour geht man von der kranken Seite aus,
dem unteren Rande der Brustdrüse entlang, schräg über
die Vorderseite des Thorax hin, umgibt die gesunde
Schulter mit einer Achtertour und kommt so wieder zu
der Stelle zurück, wo man mit der Binde begonnen hatte.

Nun lässt man ganz in der gleichen Weise, wie
diese eben geschilderte Tour aufsteigend noch eine
Reihe gleicher Touren folgen, bis die ganze Brustdrüse
vollständig zugedeckt ist. (Tafel 52.)

Suspensorium mammae duplex.. (Tafel 53 & 54.)

Soll eine Tragbinde für beide Brustdrüsen geschaffen
werden, so ist es am einfachsten, jede Drüse für sich einzuwickeln, zuerst die rechte in der eben angegebenen
Weise; man macht aber nach vollendeter Einwicklung
der rechten Brust mit der letzten Tour keine Achtertour

mehr um die linke Schulter herum, sondern führt die
Tour von der Höhe der linken Schulter direkt unter der
linken Brustdrüse hinweg, um nun die aufsteigenden Achtertouren um das rechte Schultergelenk anzuschliessen, bis auch
die linke Brustdrüse vollständig zugedeckt ist. (Tafel 53.)

Eine andere gute Art, ein Suspensorium für beide
Brustdrüsen zu schaffen, ist die, dass man in der vorher
angegebenen Weise eine Stella pectoris et dorsi anlegt, jetzt aber nicht wie beim typischen Verband nur
drei Achtertouren wickelt, sondern so viele Touren, dass
beide Brustdrüsen vollständig zugedeckt werden. (Tafel 54.)

Compressorium mammae simplex und duplex.

Will man eine oder beide Brustdrüsen nicht nur in
die Höhe heben, sondern will man zugleich einen Druckverband für die Brüste machen, so wickelt man zunächst in einer der zuletzt angegebenen Formen ein einfaches Suspensorium und schliesst dann an dieses von
unten nach oben aufsteigend Zirkeltouren, welche um
Brust und Rücken verlaufen.

Wir kommen jetzt zu einigen Rumpfverbänden, die
zur Behandlung von Schlüsselbeinbrüchen angegeben
worden sind und sich namentlich zu Uebungszwecken gut
verwerten lassen.

Desault'scher Verband. (Tafel 55, 56, 57.)

Wie alle anderen Verbände bei Clavicularfrakturen
verfolgt auch der Desault'sche Verband den Zweck,
die nach dem Bruch des Schlüsselbeines nach unten,
innen und vorn gesunkene Schulter nach oben, aussen
und hinten zu heben und in dieser Lage zu erhalten.

Um den genannten Zweck zu erreichen, wird der
Desault'sche Verband in drei Touren angelegt.

Erste Tour. (Tafel 55.) Ein keilförmiges Kissen
(siehe Tafel 93a) wird mit der Basis nach oben in die Achselhöhle der verletzten Seite gelegt. Dieses Kissen soll
nun durch die erste Tour des Desault'schen Verbandes
an den Thorax fixiert werden. Man steckt zu diesem Zweck

das Bindenende mit einer Stecknadel an das Kissen an und führt nun mit dem Bindenkopf, den man schräg vom Kissen aus vorn über die Brust gehen lässt, zunächst eine Achtertour um die gesunde Schulter aus. Die Achtertour führt wieder zum Bindenanfang zurück, und nun vollführt man mit der Binde um Kissen und Thorax, von der Achselhöhle angefangen, gleichmässig sich zu etwa zwei Dritteln deckende absteigende Touren, bis das ganze Kissen von oben bis unten hin völlig eingehüllt ist.

Zweite Tour (Tafel 56.): Die zweite Tour soll den Oberarm über dem Kissen an den Thorax anbandagieren. Der untere Teil des Oberarms soll genau an die Seitenfläche des Brustkorbes zu liegen kommen, damit die Schulter wirklich über dem das Hypomochlion bildenden Kissen nach aussen abgehebelt wird.

Die Anfänger machen in der Regel den Fehler, dass sie das untere Humerusende zu weit nach vorn legen. Der Vorderarm liegt rechtwinklig gebeugt quer auf der Vorderfläche des Rumpfes auf. Hat der Arm seine richtige Stellung, so wickelt man ihn nun mit Kreistouren um den Thorax an denselben an. Man legt das Ende einer neuen Binde vorn an der gesunden Achselhöhle an, führt die Binde in einer Kreistour um den Thorax herum, so dass der obere Rand der Binde in die Höhe des Acromions der verletzten Seite zu liegen kommt, und wickelt nun die folgenden Kreistouren so, dass die absteigenden Touren die Brust und den Arm von der Höhe der Schulter bis zur Spitze des Olecranon zudecken.

Dritte Tour (Tafel 57.): Die dritte Tour des Desault soll der Wiederkehr der Dislocation der Bruchenden entgegenwirken und namentlich den Ellbogen von unten her stützen; sie soll ferner der Hand eine Stütze geben. Durch den regelrechten Verband sollen auf der Brust und dem Arm zwei Dreiecke gebildet werden, von denen das innere kleiner ist, als das äussere. Der Verband lässt sich am leichtesten anlegen, wenn man sich merkt, dass man die Bindentouren stets von der Achselhöhle der gesunden Seite zur kranken Schulter, von dieser nach dem Ellbogengelenk der kran-

ken Seite und von diesem aus wieder zur Achselhöhle der gesunden Seite hinführt.

Dem Anfänger empfehle ich zur Unterstützung des
Gedächtnisses sich ein kleines Verschen zu merken. Wenn
1 die gesunde Achselhöhle bezeichnet, 2 die Schulterhöhe
der kranken Seite, und 3 das Ellbogengelenk der kranken
Seite, so wird der Anfänger niemals irre werden, wenn
er sich merkt:

„Von 1 nach 2 nach 3
der innere Rand bleibt frei."

Eine andere gute Hilfe für das Gedächtnis ist das
Wort „Asche," welches in der richtigen Reihenfolge die
Anfangsbuchstaben der drei Stützpunkte für den Verband.
Achsel, Schulter und Ellbogen, enthält.

Man legt also das Bindenende vorn an der gesunden
Achselhöhle an, führt die Binde schräg über den Thorax
zur Schulterhöhe der kranken Seite, geht über die kranke
Schulter hinweg an der hinteren Seite des Armes herunter,
um das Ellbogengelenk herum, schräg über die Brust in
die Höhe zur Achselhöhle der gesunden Seite, durch
dieselbe hindurch, schräg über den Rücken zur Schulterhöhe der kranken Seite und an der vorderen Seite des
Armes herab zum Ellbogengelenk. So ist das erste Dreieck auf der Brust entstanden. Man führt nun die Binde
um das Ellbogengelenk herum, schräg über den Rücken
zur gesunden Achselhöhle zurück, durch dieselbe hindurch,
und so ist man wieder da angekommen, wo man angefangen hat. Jetzt wickelt man das zweite grössere Dreieck, indem man die Binde in der gleichen Weise von
der gesunden Achselhöhle nach der kranken Schulter und
dem Ellbogengelenk der kranken Seite hin und nach
der Achselhöhle der gesunden Seite zurückführt. Dadurch, dass man den inneren Rand der vorhergehenden
Tour freilässt, wird das äussere Dreieck grösser als das
innere.

Ist das zweite Dreieck vollendet, dadurch, dass man
die Binde von der Schulterhöhe her an der Vorderseite
des Armes herab zum Ellbogengelenk hingeführt hatte,
so schliesst man den Verband, indem man noch ein Trag-

I. Tour des Desault'schen Verbandes.

Tafel 56.

II. Tour des Desault'schen Verbandes.

III. Tour des Desault'schen Verbandes.

Velpeau'scher Verband.

gegen den Hals hin verlaufen. während die Kreistouren vom Ellbogengelenk gegen die Schulter hin absteigen.

Eine zweckmässige Verbesserung des Velpeau'schen Verbandes ist von Dulles angegeben worden. (Tafel 59.) Man führt die Binde von der Achselhöhle der gesunden Seite aus vorn über die Brust, über die Schulterhöhe der verletzten Seite hinweg, an der Rückseite des Armes herab zum Ellbogen, an der vorderen Seite desselben nach aufwärts zur gleichen Schulter zurück, über den Rücken zur Achselhöhle der gesunden Seite, quer über die Brust und den Arm zum Ellbogen und von hier quer über den Rücken zur Achselhöhle zurück. Diese Gänge werden nun bis zur völligen Einwicklung der Brust und des Oberarms stets in der Art wiederholt, dass die schräg über die Brust von der Achsel zur Schulter verlaufenden Touren absteigen, während die Touren um den Arm von dem Acromion gegen den Hals hin verlaufen und die Kreistouren um den Thorax und den Oberarm vom Ellbogen gegen die Schulter hin aufsteigen.

Sayre'scher Heftpflasterverband. (Tafel 60.)

Der Verband, der heute wohl am meisten zur Fixation des Armes an den Thorax bei Verletzungen des Schultergürtels angewendet wird, ist der Sayre'sche Heftpflasterverband.

Derselbe wird angelegt mit drei langen, etwa 2—3 Finger breiten Heftpflasterstreifen. Den ersten Streifen klebt man am äusseren Rand des Sulcus bicipitalis internus des zu fixierenden Oberarms an, führt ihn dann leicht spiralig nach hinten und oben über die äussere Fläche des Oberarmes, über den Rücken und unter die Achsel der gesunden Seite, und klebt ihn unter der Brustwarze fest. Diese Tour hebt die Schulter und zieht sie kräftig nach hinten.

Der zweite Streifen hat ebenfalls die Aufgabe des Schulterhebens. Er geht von der gesunden Schulter schief über die Brust nach dem rechtwinklig gebogenen Vorderarm hin, schlägt sich um den Ellenbogen herum und

Modifikation des Velpeau'schen Verbandes von Dulles.

Sayre'scher Heftpflasterverband.

Tafel 61.

Schoenborn's Modifikation des Sayre'schen
Heftpflasterverbandes.

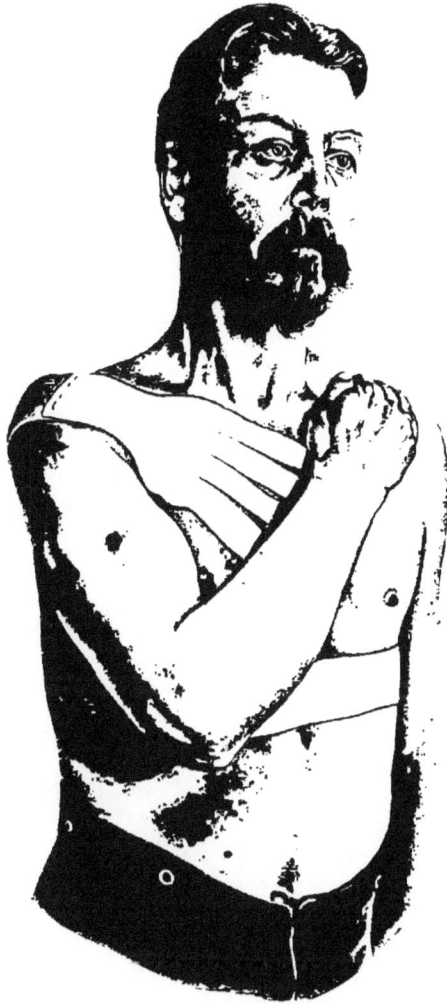

Landerer's Modifikation des Sayre'schen
Heftpflasterverbandes.

geht von da schief über den Rücken zurück nach der Anfangsstelle auf der gesunden Schulter.

Der dritte Streifen wird mit seinem Anfange direkt auf die Frakturstelle aufgeklebt, läuft dann an der Vorderseite des Thorax herunter, umgibt das Handgelenk und geht wieder zur Frakturstelle zurück. Er dient als Tragband für die Hand, übt aber vor allem einen direkten Druck auf die Fragmente aus.

Schœnborn's Modifikation des Sayre'schen Heftpflasterverbandes. (Tafel 61.)

Schœnborn braucht nur 2 Heftpflasterstreifen. Den ersten legt er wie Sayre an, nur klebt er den Streifen nicht an die Haut an, sondern befestigt das um den Arm in Form einer Schleife herumgeschlungene Ende mit einer Stecknadel. Der Arm erhält dann die Velpeau'sche Lage. Der zweite wird nun analog dem Velpeau'schen Verbande an dem Radialrande des Vorderarmes dicht unterhalb des Ellbogengelenks angeklebt, um den Ellbogen, wie die Velpeau'sche Schlinge, mit Vermeidung des Epicondylus internus herumgeführt und auf der gesunden Schulter angeklebt. Der Handrücken und die Vola der auf der Schulter aufruhenden Hand müssen gut mit Watte gepolstert sein.

Landerer's Modifikation des Sayre'schen Heftpflasterverbandes. (Tafel 62.)

Landerer legt den Angriffspunkt des Streifens nicht an den Oberarm, sondern an die kranke Schulter selbst. Der erste Streifen besteht nach Landerer aus 3 Teilen, einem ungefähr handgrossen, vom Rande her fächerförmig gespaltenem Stück Heftpflaster, einem vorn an dieses angenähten, 20—30 cm langen Streifen elastischen Gurtes und einem wiederum an diesen angenähten, 60—80 cm langen und 5—6 cm breiten Heftpflasterstreifen. Dieser so zusammengesetzte Streifen wird nun, nachdem ein fest zusammengedrehter Wattekeil in die Achsel gelegt worden ist, mit seinem handförmigen Ende unmittelbar auf die Schlüsselbeingegend aufgeklebt, jedoch so, dass das Fragment von jeder Zugwirkung frei bleibt. Der Streifen wird dann über die Schulterhöhe weggeführt, kräftig angezogen und wie der erste Sayre'sche Streifen nach der Vorderfläche der Brust geleitet. Darüber kommt dann der zweite Sayre'sche Streifen und dann ein diesen fixierender Bindenverband.

2. Tücherverbände.

Tücherverbände wurden in früheren Jahren besonders von Gerdy und Mayor angewendet. Neuerdings sind sie wieder von v. Esmarch als Notverbände bei Verletzungen im Kriege empfohlen worden. In der Praxis werden sie gewöhnlich als Notverbände benützt, denn reine Taschentücher, Servietten u. s. w. finden sich ja wohl überall.

Zur Anlegung des Tücherverbandes benützt man entweder ein dreieckiges oder ein viereckiges Tuch, oder man legt das Tuch in Form einer Kravatte zusammen.

Das dreieckige Tuch hat die Form eines rechtwinkligen Dreieckes. Den rechten Winkel des dreieckigen Tuches bezeichnet man wohl auch als Spitze des Tuches; die beiden spitzen Winkel heissen die Zipfel.

Das viereckige Tuch ist gewöhnlich quadratisch von 1 Meter Seitenlänge. Halbiert man ein viereckiges Tuch von dieser Grösse in der Diagonale, so erhält man die übliche Grösse des dreieckigen Tuches.

Als Tücherstoff kommt die Leinwand, Baumwolle oder wohl auch schwarze Seide in Verwendung. Das von v. Esmarch empfohlene dreieckige Tuch, auf welchem die wichtigsten Tücherverbände, die mit demselben hergestellt werden, abgebildet sind, besteht aus Kalikot.

Tücherverbände für die obere Extremität.

Tuchverband für das Handgelenk. (Tafel 63.)

Das dreieckige Tuch wird zu einer Kravatte zusammengefaltet. Die Mitte der Kravatte wird quer über die Hohlhand an der Fingerbasis angelegt. Die beiden Enden werden dann über dem Handrücken gekreuzt, nach dem Handgelenk hin, und um dieses herumgeführt. Auf der Dorsalfläche des Handgelenkes werden die Enden geknotet.

Tuchverband für die ganze Hand. (Tafel 64 & 65.)

Das dreieckige Tuch wird auf einer horizontalen Unterlage flach ausgebreitet. Nun legt man die Hand mit der Volarseite so auf das Tuch, dass das untere Ende des Vorderarmes auf der Mitte der langen Seite des Tuches ruht, während die Fingerspitzen nach dem rechten Winkel hinschauen. Dieser wird nun über die Rückenfläche der Hand bis zum Vorderarm zurückgeschlagen; nun werden die beiden langen Zipfel über dem Handrücken gekreuzt, nach dem Handgelenk hin und mit einer Kreistour um dieses herumgeführt und auf der Dorsalseite des Handgelenkes geknotet. (Tafel 65.)

Tuchverband für das Ellbogengelenk. (Tafel 66.)

Man legt die Mitte des kravattenförmig zusammengefalteten dreieckigen Tuches auf die Streckseite des Ellbogengelenkes, führt die beiden Zipfel analog den Touren einer Testudo cubiti reversa um den Vorderarm herum und knotet sie schliesslich in der Ellenbeuge.

Tuchverband für das Schultergelenk. (Tafel 67.)

Zur Deckung des Schultergürtels verwendet man am besten zwei dreieckige Tücher. Das erste dreieckige Tuch legt man so auf die Schulter, dass sein rechter Winkel gegen den Hals hinschaut, während die lange Seite auf die Aussenseite des Oberarmes zu liegen kommt. Den Rand dieser langen Seite faltet man nun ein- bis zweimal ein, bis man ungefähr in der Höhe des Deltoidesansatzes angekommen ist. Dann schlingt man die beiden Zipfel kreisförmig um den Arm herum und knotet sie auf der Aussenseite desselben.

Das zweite Tuch wird in Kravattenform zusammengelegt mit seiner Mitte in die gesunde Achselhöhle gelegt. Die beiden Zipfel werden dann auf die kranke

38

Schulter geführt und hier über dem rechten Winkel des ersten Tuches geknotet. Schliesslich wird der rechte Winkel des ersten Tuches über den Knoten umgeschlagen und mit einer Sicherheitsnadel fixiert.

Mitella triangularis als Stütze des Oberarmes. (Tafel 68.)

Der Tuchverband, den man wohl überhaupt am häufigsten anwendet, ist das dreieckige Stütztuch für den Oberarm, die Mitella triangularis. Man fasst, um die Mitella für den rechten Arm anzulegen, den einen Zipfel des dreieckigen Tuches in die rechte Hand, den rechten Winkel desselben in die linke Hand und legt alsdann das Tuch so an den Thorax an, dass der Zipfel auf die rechte Schulter, der rechte Winkel in die rechte Achselhöhle zu liegen kommt. Nun legt man den rechtwinklig gebogenen Arm so auf das Tuch auf, dass die Hand auf die Mitte der Basis, der Ellbogen unterhalb des rechten Winkels zu liegen kommt. Jetzt wird der am Leib herabhängende Zipfel des Tuches gefasst, über den Vorderarm nach oben zur linken Schulter geführt und im Nacken mit dem über die rechte Schulter geführten Zipfel geknotet.

Liegt der Vorderarm gut im Tuche, so wird jetzt der hinter dem Ellbogen vorstehende rechte Winkel des Tuches nach Glättung der Falten nach vorn umgeschlagen und hier mit einer Sicherheitsnadel befestigt.

Mitella triangularis zur Hebung des Oberarmes. (Taf. 69.)

Soll die Mitella nicht nur die Schwere des Armes übernehmen, soll sie vielmehr zugleich den Ellbogen heben, so gibt man dem Arm zweckmässig die Velpeau'sche Lage, lässt also den Patienten die Hand der kranken Seite auf die gesunde Schulter legen.

Der Verband wird dann in folgender Weise angelegt: Man legt das dreieckige Tuch so an der Vorderseite des Thorax an, dass die lange Seite an die Aussenfläche des Brustkorbes auf der kranken Seite, die Mitte der langen Seite etwa in die Höhe der Achselhöhle und der obere Zipfel auf die kranke Schulter zu liegen kommt.

Tafel 63.

Tuchverband für das Handgelenk.

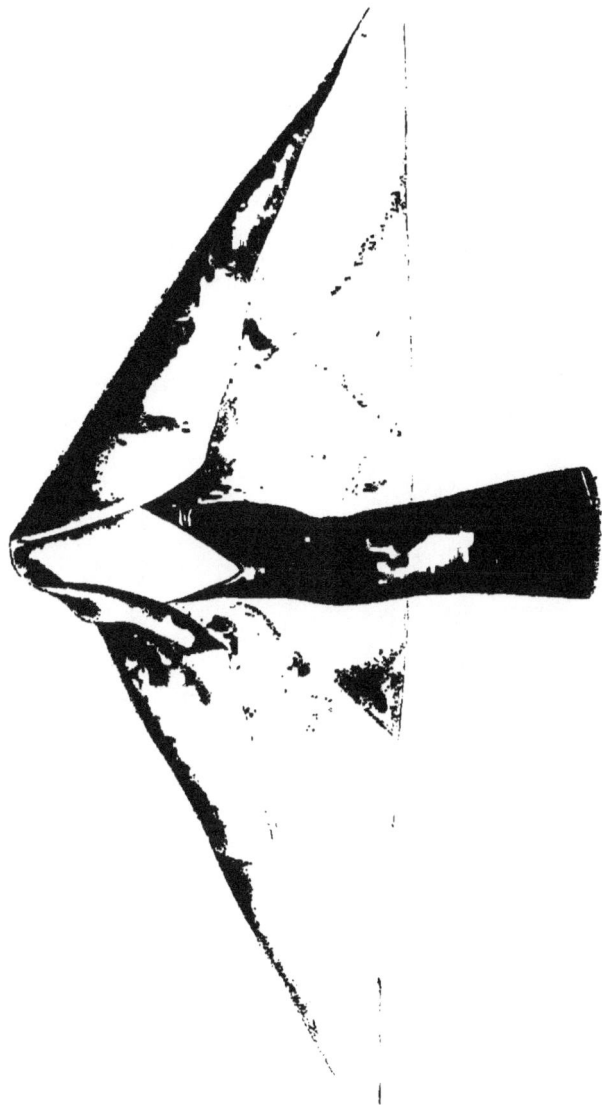

Tafel 64.

Tuchverband für die ganze Hand. (Anfang des Verbandes.)

Tuchverband für die ganze Hand.
(Fertiger Verband.)

Tafel 66.

Tuchverband für das Ellenbogengelenk.

Tuchverband für das Schultergelenk.

Mitella triangularis als Stütze für den Oberarm.

Der rechte Winkel schaut nach der gesunden Seite hin. Nun gibt man dem Arm über dem Tuche die Velpeau'sche Lage, schlägt den am Leib herunterhängenden Zipfel über das Ellbogengelenk in die Höhe, führt es über die gesunde Schulter hinweg und knotet ihn im Nacken mit dem über die kranke Schulter geführten Zipfel. Jetzt schlägt man den rechten Winkel um den Vorderarm in die Höhe und fixiert ihn mit der Sicherheitsnadel an dem um die kranke Schulter herumgeführten Zipfel.

Moore'scher Verband. (Tafel 70.)

Ein sehr zweckmässiger Ersatz der Mitella, namentlich für Schlüsselbeinbrüche ist von Moore angegeben worden. Ein entsprechend langes und etwa handbreites, kravattenförmiges Tuch wird gerade auf seiner Hälfte unter dem Ellbogen angelegt und von da über dessen Rückseite nach vorn über die Schulter geführt. Das andere Ende verläuft über die Vorderfläche des Ellbogens und über den Rücken, um hier mit dem von der anderen Schulter zurückkommenden Antheil vereinigt zu werden. Eine Mitella parva hält den Vorderarm leicht in die Höhe.

Mitella parva. (Tafel 71.)

Unter Mitella parva, oder auch Tragbinde für den kranken Arm genannt, versteht man ein kravattenförmig zusammengefaltetes Tuch, das, im Nacken geknotet, den rechtwinklig gebeugten und am Leib anliegenden Vorderarm an seinem unteren Ende schlingenförmig umgreift.

Mitella quadrangularis. (Tafel 72.)

Mit dem viereckigen Tuch wird die Mitella in der Weise angelegt, dass man bei herabhängendem Tuch die beiden oberen Zipfel desselben in beide Hände fasst, sich an die kranke Seite des Patienten stellt, die Mitte des zu obigen Zipfeln gehörigen Randes in die Achselhöhle der kranken Seite legt und die Zipfel dann auf der gesunden Schulter knotet. Nun legt man den rechtwinklig gebeugten Vorderarm an den Leib heran, er-

40

greift die beiden herabhängenden Tuchzipfel und führt
sie ebenfalls nach der gesunden Seite hin, wo auch sie
geknotet werden. Auf dem Rücken des Patienten ist
dann eine leere Tuchtasche entstanden; diese führt man
um die kranke Schulter herum nach vorn auf die Brust
und steckt sie hier fest.

Tücherverbände für die untere Extremität.

Tuchverband für das Fussgelenk. (Tafel 73.)

Die Mitte des kravattenförmig zusammengelegten
Tuches wird quer über die Mitte der Fusssohle gelegt,
die beiden Enden werden nun sich kreuzend über den
Fussrücken nach dem unteren Ende des Unterschenkels
hingeführt, wo sie nach einer Kreistour über den Knöcheln
auf der Vorderfläche des Beines geknotet werden.

Tuchverband für den ganzen Fuss. (Tafel 74.)

Man stellt den Patienten so auf das dreieckige Tuch,
dass der rechte Winkel des Tuches nach vorne und die
Basis des Tuches hinten an die Achillessehne zu liegen
kommt. Nun schlägt man den rechten Winkel über die
Zehen hinweg über den Fussrücken bis zum Unterschenkel
zurück, fasst die beiden Zipfel, kreuzt sie über dem Fussrücken, führt sie zum Unterschenkel hin, bildet über den
Malleolen eine Kreistour und knotet auf der Vorderfläche
des Beines.

Tuchverband für das Knie. (Tafel 75.)

Man legt die Mitte des kravattenförmig zusammengelegten Tuches auf die Patella, führt die beiden
Zipfel entsprechend den Touren einer Testudo genu reversa um Oberschenkel und Unterschenkel herum und
endet in der Kniekehle.

Tuchverband für die Hüfte. (Tafel 76.)

Der Tuchverband für die Hüfte wird am besten mit
zwei Tüchern hergestellt. Das erste Tuch legt man so
auf die Aussenseite des Oberschenkels, dass der rechte
Winkel nach dem Rumpf, die lange Seite nach dem

Mitella triangularis zur Hebung des Oberarmes.

Moore'scher Verband.

Tafel 71.

Mitella parva und Tuchverband für die Wange und das Ohr.

Mitella quadrangularis.

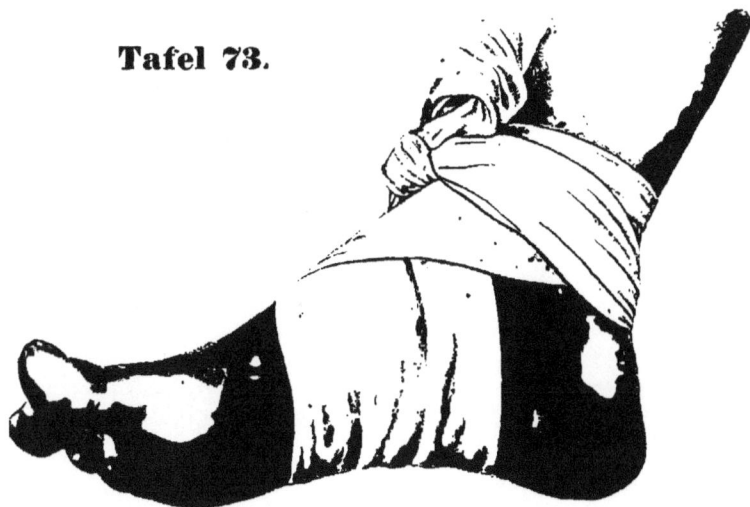

Tuchverband für das Fussgelenk.

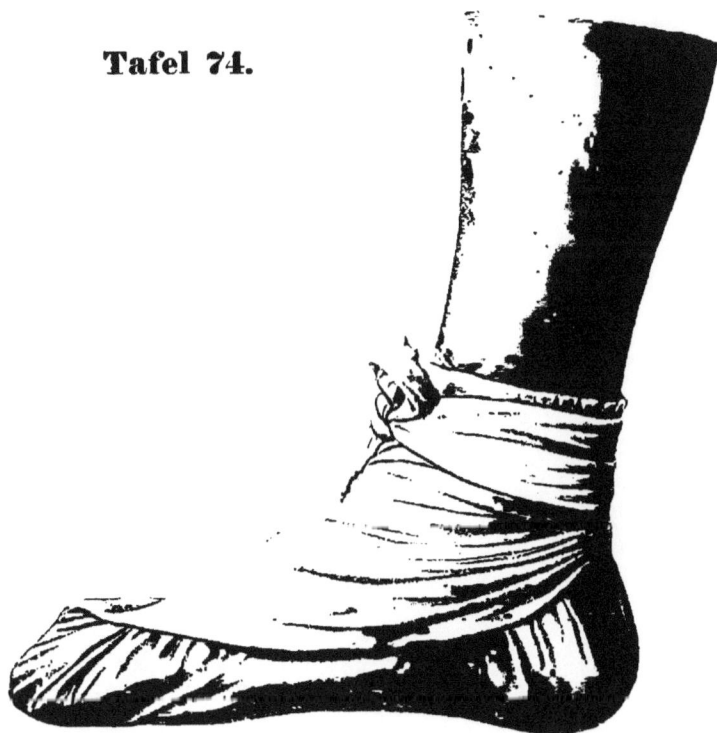

Tuchverband für den ganzen Fuss.

Tuchverband für das Knie.

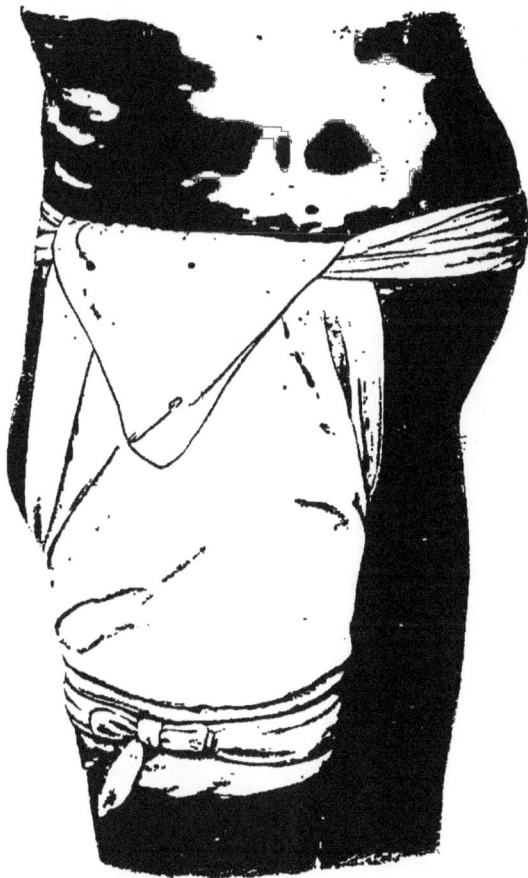

Tuchverband für die Hüfte.

Capitium triangulare.

Capitium quadrangulare.

Tuchverband für die Stirn und den Hals.

Fuss hin schaut. Nun faltet man zwei- bis dreimal diesen unteren Rand, führt die beiden Zipfel kreisförmig um den Oberschenkel herum, um sie an der Aussenseite desselben zu knoten.

Das zweite kravattenförmig zusammengelegte Tuch wird etwas unterhalb der Höhe des Nabels kreisförmig so um den Unterleib herumgeführt, dass es den rechten Winkel des ersten Tuches kreuzt. Nun wird dieser rechte Winkel nach unten heruntergeschlagen und mit einer Sicherheitsnadel befestigt.

Tücherverbände für den Kopf.

Capitium triangulare. (Tafel 77.)

Das Capitium triangulare dient zur Deckung der Schädelwölbung. Man legt die Mitte der langen Seite des dreieckigen Tuches auf der Stirn dicht über den Augenbrauen an, während der rechte Winkel am Nacken herunterhängt. Nun fasst man die beiden Zipfel der langen Seite und führt sie dichtüber den Ohren vorbei über den Hinterkopf herum, wo sie den rechten Winkel decken, und zur Stirn hin, auf deren Mitte sie geknotet werden. Nun schlägt man den rechten Winkel gegen den Scheitel hin in die Höhe und befestigt ihn hier mit einer Nadel an die Haube.

Man kann das Capitium triangulare auch umgekehrt herstellen, indem man die Mitte der langen Seite des Tuches am Hinterhaupt unter der Protuberantia occipitalis anlegt, den rechten Winkel aber an der Stirn herabhängen lässt. Dann führt man die beiden Zipfel um die Stirne herum und knotet sie unterhalb der Protuberantia occipitalis, während man den rechten Winkel über die Stirne hinaufschlägt und am Scheitel feststeckt.

Capitium quadrangulare. (Tafel 78.)

Das Capitium quadrangulare deckt ausser der Schädelwölbung auch noch die Ohren und einen Teil der Wangen.

42

Man schlägt sich das viereckige Tuch derart um, dass
ein grösseres und ein kleineres Viereck entsteht und der
Rand des grösseren Viereckes den des kleineren um etwa
Handbreite überragt. Das so zusammengelegte Tuch wird
nun derart auf die Wölbung des Schädels gelegt, dass
der obere, dem kleineren Viereck angehörige Rand gerade
an die Augenbrauen heranreicht, während der untere, dem
grösseren Viereck entsprechende, über das Gesicht herabhängt. Man fasst nun die beiden oberen Zipfel, welche
dem kleineren Viereck angehören, und knotet die Zipfel
über dem Kinn. Nun fasst man die beiden unteren, dem
grösseren Viereck angehörigen Zipfel, zieht dieselben
hervor, bis die Haube dem Kopf glatt anliegt und führt
sie nach hinten zum Nacken hin, wo sie geknotet werden.

Tuchverband für die Stirn, Stirnband. (Tafel 79.)
Die Mitte der Kravatte wird auf die Stirn aufgelegt,
die beiden Zipfel werden nach hinten gegen den Nacken,
unterhalb der Protuberanz herum und nach der Stirn zurückgeführt, wo sie geknotet werden.

Tuchverband für das Auge. (Tafel 80.)
Man legt die Mitte des kravattenförmig zusammengelegten Tuches schräg auf die Glabella auf und führt
den einen Zipfel über das zuzudeckende Auge, den anderen über die entgegengesetzte Kopfseite hin nach dem
Nacken, wo man sie knotet.

Tuchverband für die Wange und das Ohr. (siehe Tafel 71.)
Die Mitte des zusammengefalteten Tuches wird unter
das Kinn gelegt; die beiden Zipfel werden, der eine vor
dem Ohre, resp. über dem Ohre, der andere hinter dem
Ohre nach dem Scheitel in die Höhe geführt und auf
demselben geknotet.

Tuchverband für den Hals. (siehe Tafel 79.)
Man legt die Mitte des kravattenförmig zusammengelegten Tuches vorn auf die Mittellinie des Halses, führt
die Zipfel kreisförmig um den Hals herum und knotet sie
vorn in der Mittellinie.

Tuchverband für das Auge und die weibliche Brust.

Tuchverband für den Unterleib.

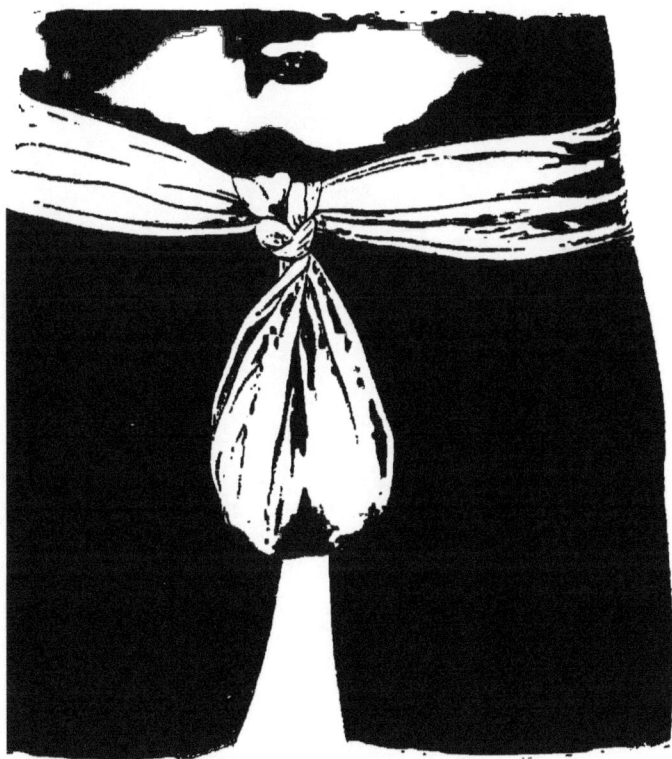

Schamtuch.

Kleinere Wundverbände. (Neff'scher Fingerling aus Trikotgewebe.)

Tücherverbände für die Brust und den Rumpf.

Tuchverband für die Mamma. (siehe Tafel 80.)

Das kravattenförmig breit zusammengelegte Tuch wird mit seiner Mitte von unten her so unter die weibliche Brust gelegt, dass dieselbe in die Höhe gehoben wird. Die beiden Zipfel werden nun schräg nach der entgegengesetzten Schulter hin und mit einer Achtertour um dieselbe herumgeführt. Die Knotung geschieht auf der Höhe der Schulter.

Schamtuch. (Tafel 81 u. 82.)

Am Unterleib wird das dreieckige Tuch als Schamtuch verwendet. Die lange Seite umgreift das Becken von vorn her etwa in Nabelhöhe. Der rechte Winkel wird zwischen den Schenkeln durchgezogen; die drei Enden werden schliesslich an der Rückseite des Rumpfes geknotet. (Tafel 81.)

Eine andere Art des Schamverbandes wird mit zwei Tüchern ausgeführt. Das erste Tuch wird in Nabelhöhe nach Art eines Gürtels kreisförmig um den Leib gebunden. Das zweite Tuch wird breit kravattenförmig zusammengefaltet, zwischen den Beinen durchgezogen und vorne und rückwärts an der Kreistour geknotet oder mit Sicherheitsnadeln befestigt. (Tafel 82.)

B) Wundverbände.

1. Kleinere Wundverbände.

Bei Wunden, bei denen man keinen regelrechten Verband anlegen will, namentlich bei den alltäglich vorkommenden kleinen Verletzungen, kann man einen Schutz gegen Verunreinigung von aussen dadurch erzielen, dass man auf die Wunde e n g l i s c h e s P f l a s t e r oder P f l a n z e n p a p i e r oder ein Stück H e f t p f l a s t e r, oder eine der von U n n a angegebenen, mit Sublimat, Zinkoxyd, Jodoform, Salicylsäure präparierten Salben oder Pflastermulle auflegt.

Sollen diese Stoffe halten, so darf die Wunde nicht

mehr bluten, und ihre Umgebung muss ganz trocken
sein.

Trockenheit der Wundumgebung ist auch notwendig,
wenn man die kleine Wunde mit C o l l o d i u m decken
will, welches man mit einem Pinsel oder etwas Watte
aufträgt. Benützt man das Collodium an den Fingern,
so darf man j a k e i n e z i r k u l ä r e Bepinselung des
Fingers vornehmen, da sonst leicht schwere Ernährungs-
störungen infolge der Druckanämie entstehen können.

D e r J o d o f o r m - G a z e - C o l l o d i u m - V e r-
b a n d wird in der Weise angelegt, dass man die Wunde
mit einem entsprechend grossen Stück Jodoformgaze deckt,
das man an den Rändern mit Collodium befestigt. Auf
dieses erste Stückchen Jodoformg ze legt man dann noch
eine Reihe anderer gleicher Schichten auf; nur die Ränder
dürfen jeweils mit Collodium bestrichen werden. Die
Mitte des Verbandes muss frei bleiben, um etwaige Sekrete
durchzulassen.

Will man das Collodium von der Haut entfernen,
so benützt man am besten dazu den Aether aceticus. Rück-
ständige Heftpflastermassen entfernt man am besten durch
Waschen mit Aether oder Terpentin.

Die Art der Anlegung der kleineren Verbände erhellt
aus Tafel 83.

. Wir sehen da die Fingerspitzen gedeckt durch einen
H e f t p f l a s t e r v e r b a n d, einen C o l l o d i u m-
v e r b a n d und einen F i n g e r l i n g. An dem kleinen
Finger sehen wir den N e f f' s c h e n F i n g e r l i n g aus
Trikotgewebe; auf dem Handrücken sehen wir das Heftpflaster in S t e r n f o r m oder nach Art einer r a d i ä r
e i n g e s c h n i t t e n e n S c h e i b e oder in Form des
sogen. M a l t h e s e r k r e u z e s, d. h. als ein Viereck
mit eingekerbten Ecken aufgelegt.

Die P a s t a c e r a t a von S c h l e i c h wird hergestellt aus geschmolzenem gelbem Bienenwachs, das mit
Ammoniak behandelt wird, um die Verbindung des Wachses
mit $1\frac{1}{2}$—2 Volumen Wasser zu ermöglichen. Dadurch
entsteht ein crèmeartiger, neutraler Salbenkörper, der kein

Ammoniak mehr enthalten darf. Diese Paste dient zur Wundbedeckung namentlich bei Verbrennungen. Verbindet man die Paste mit Pepton, Zinkoxyd, Gummi- und Amylum, so gibt sie ein ausgezeichnetes Verbandmittel, mit dem Gaze auf die Wunde festgeklebt werden kann, da die Paste in einigen Minuten fest antrocknet.

Ebenfalls von vorzüglicher Wirkung für gewisse Formen von Wunden ist der U n n a 'sche Z i n k l e i m - v e r b a n d. Wir beschreiben die Anlegung des Verbandes zur Behandlung eines Unterschenkelgeschwürs. Nach gründlicher Abwaschung des ganzen Gliedes mit Seifenwasser wird dasselbe bis auf das Geschwür dick mit erwärmtem Z i n k l e i m

Rp. Zinci oxydati

Gelatinae purissimae aa. 10.0

Glycerin

Aqu. destillat. aa. 40.0

S. Erwärmt aufzupinseln.

bestrichen. Auf das Geschwür selbst wird Jodoform aufgepudert oder eine Lage von Watte oder mit Jodoform oder Sublimat imprägnierter Gaze gelegt. Hierauf wird eine gewöhnliche appretierte Mull- (Organtin-) Binde („blaue Binde") von zwei Seiten gleichmässig aufgerollt, in Wasser getaucht und in folgender Weise an dem eingeleimten und noch nicht ganz trockenen Unterschenkel angelegt: Der Patient sitzt mit erhobenem Bein dem Arzt gegenüber. Dieser fasst die beiden Köpfe der Binde, so dass die sie verbindende Brücke dem Geschwür gegen - über an die Hinterseite des Unterschenkels zu liegen kommt, wo sie sofort anklebt. Die beiden Köpfe werden nun so nach vorn geführt, dass sie sich über dem Geschwüre und der dasselbe bedeckenden Watte kreuzen; die dabei aneinander vorüberstreichenden Hände wechseln die beiden Bindenköpfe unter sich aus, ziehen sie fest an, so dass der Unterschenkel hier an der Stelle des Geschwürs in seinem Umfange merklich verkleinert wird, und führen die Köpfe zu einer neuen Kreuzung nach hinten, die entweder ober- oder unterhalb des Geschwürs, jedenfalls aber diesem gegenüber stattfindet. Dabei tau-

sehen beide Hände die Köpfe wieder aus, ziehen sie fest
an und ziehen sie nach vorn, wo sie sich wieder an
einer anderen Stelle kreuzen, und so fort, bis der ganze
Unterschenkel, so weit er erkrankt und eingepinselt
war, wenigstens aber vom Mittelfuss bis zur Wade, mit
solchen gekreuzten Touren bedeckt ist. Sodann wird sofort eine zweite, feuchte appretierte Mullbinde über die
erste gelegt, die den Zweck hat, etwaige dünn bedeckte
Stellen der ersten Bindenlage auszufüllen und durch
weitere spiralig auseinander gelegte Touren den ganzen
Verband zu befestigen. Diese zweite Binde kann, ebenso
wie die erste, zweiköpfig, oder auch, wie gewöhnlich,
einköpfig angelegt werden. Unna legt sie meistens anfangs zweiköpfig an und wickelt allerdings häufig jeden
Kopf für sich zu Ende. Nach kurzer Zeit ist der Verband vollständig erhärtet und bleibt 2–4 Tage, je nach
der Menge des gelieferten Sekretes, liegen. Die Schmerzen
beim Gehen und Niedersetzen des Fusses mindern sich
unter ihm bald, so dass der Patient in seiner Beschäftigung
nie unterbrochen wird. Je fester der Verband angelegt
wird, um so besser erweist sich der Erfolg beim Abnehmen
desselben: man legt den Verband immer so fest an, als
der Patient es momentan eben gut ertragen kann. Wenn
die Menge des Sekretes sich mindert, kann dieser Dauerverband später auch 8 Tage liegen. Die lege artis angelegte Binde, welche wegen der vorausgeschickten Ein-
leimung des Unterschenkels überall fest anliegt, bedingt
eine Dehnung der gesunden Haut nach der hiedurch ver-
kleinerten Geschwürsfläche und verhindert deren Zurück-
ziehen.

Der Zinkleimverband gestattet vollständig die Hautausdünstung; ebenso ist er durchlässig für Wundsekrete. Er
lässt sich durch einfaches Befeuchten mit warmem Wasser
leicht entfernen.

Grössere Wundverbände.

Die heutige Generation von Studierenden sieht in
den Kliniken in der Regel nur die aseptische Wund-

behandlungsmethode und weiss nicht viel von den Wand-
lungen, welche die Lister'sche Methode in den letzten
drei Dezennien durchgemacht hat. Es ist hier nicht der
Platz, die Geschichte der gesammten Lister'schen Wundbehandlung in allen ihren Details zu entwickeln. Für uns
handelt es sich nur darum, die Verbandmethoden
zu beschreiben. Hier sind wir aber der Ansicht, dass
der junge Arzt durchaus mit den Modifikationen vertraut
sein soll, welche das Lister'sche Verbandverfahren seit
seiner Einführung Ende der Sechziger Jahre erfahren hat.
Wir schildern daher zunächst den

Typischen Listerverband,

um dann die allmähliche Umgestaltung dieses Verbandverfahrens und die Gründe für die Umgestaltung desselben
in seiner heutigen Form zu besprechen.

Bei dem typischen Listerverbande kam auf die
Wunde selbst der Protektiv-Silk (Wachstaffet
überzogen mit einem Gemisch von 1 Teil Dextrin, 2 Teilen
Amylum, 16 Teilen 5% Carbollösung), auf diesen die
feuchte, oder verlorene Compresse (feuchte
Carbolgaze, 6 blättrig, etwas grösser als die Wunde);
hierauf folgte die antiseptische Gaze in 7 facher
Schicht, die hergestellt wurde aus gebleichter oder un-
gebleichter Baumwollengaze in 6 Meter langen und 1 Meter
breiten Stücken, die im kochenden Wasser 2—3 Stunden
durchwärmt, ausgebreitet und mit folgender Mischung ver-
setzt wurde: 1 Teil crystallisierte Carbolsäure, 5 Teile Harz,
7 Teile festes Paraffin; als vierte Schichte wurde der
Makintosh, d. i. Baumwollstoff, der durch Kautschuk
undurchlässig gemacht ist, (anstatt des Makintosh ist jetzt
üblich der Billroth battist oder das Guttaperchapapier),
als fünfte Schicht die achte Lage Gaze aufgelegt.
Auf diese Schichte kamen dann Binden aus Cambric,
Calicot und Gaze, die mit 5% Carbolsäure getränkt waren,
eventuell elastische Binden.

Der Lister'sche Verband wurde angelegt, wäh-
rend ein Hand- oder Dampfspray mit $2\frac{1}{2}\%$ Carbol-

lösung über das ganze Verbandsgebiet hinweggeleitet wurde.

Diesen typischen L i s t e r verband modificierte zunächst v. V o l k m a n n in der Weise, dass er an den Rändern des Verbandes noch eine Schicht entfetteter Watte anlegte, um dem Eindringen von Mikroorganismen unter den Verband von den Rändern her entgegenzutreten. L i s t e r selbst hatte diesen Abschluss des Verbandrandes dadurch herbeizuführen gesucht, dass er nach Abschluss des Verbandes noch eine elastische Binde um den Verbandrand herumführte.

Der weiterhin zunächst typische L i s t e r'sche Verband wurde nun in der Weise geändert, dass man Ersatzmittel für die giftige, zur Imprägnation der Gaze dienende Karbolsäure suchte. So führte R a n k e das Thymol, M a a s die essigsaure Thonerde, von M o s e t i g das Jodoform, K o c h e r das Wismut, v. B e r g m a n n das Sublimat, M a a s das Sublimat-Kochsalz-Glyzerin, S o c i n das Zinkoxyd, L i s t e r selbst das Eucalyptusöl und das sog Alembrotsalz (Chlorammonium 1.0, Sublimat 2.5) als Ersatz für die Karbolsäure ein, indem sie also z. B. Thymolgaze, Sublimatgaze, Jodoformgaze etc. empfahlen.

Praktische Bedeutung für die Wundbehandlung im allgemeinen haben nur die Sublimatgaze und Jodoformgaze behalten, die andern Gazesorten werden in der Regel nur in Ausnahmefällen verwertet.

In den allerletzten Jahren sind wieder eine ganze Reihe antiseptischer Mittel und bezüglicher Gazen empfohlen worden, ohne jedoch eine allgemeine Verbreitung gefunden zu haben, so die Kreolingaze, die Lysolgaze, die Dermatolgaze, Europhengaze, Loretingaze ,Naphtholgaze, Nosophengaze.

Eine weitere Modifikation des L i s t e r verbandes bezog sich dann auf den Ersatz der Gaze selbst. So führte L i s t e r selbst an Stelle der Gaze für gewisse Zwecke den Borlint ein, d. h. gewöhnlichen Lint, der in heisse, gesättigte Borsäurelösung getaucht und dann an der Luft

getrocknet war. v. Bruns empfahl zuerst die entfettete
Watte, Thiersch die Salicylwatte, v. Bergmann die
Sublimatwatte, v. Mosengeil-Bardeleben Karboljute,
Bardeleben Chlorzinkjute, Thiersch Salicyljute,
Juillard desinfizierte, mit 3% Karbollösung getränkte
Badeschwämme, Morosow den Hanf oder Werg oder
auch Oacum genannt, Weljaminoff den Theerwerg,
Arton den Perubalsamwerg, Makuschina den Flachs,
Kirchner Sublimatschnüre, Lukas-Championnière
die Torfwatte, Esmarch-Neuber den Torfmull in Pol-
stern, Schede die Glaswolle, Kümmell Steinkohlen-
asche in Kissen, Leisrink-Hagedorn das Waldmoos,
Hagedorn Moospappe und Moosfilzplatten, P. Bruns
Sublimatholzwolle, Romberg Cellulosenwatte, Kümmell
Waldwolle und Holzcharpie, Escher Sägespähne, Port
frische Holzspähne, Beduin ungeleimtes Filtrirpapier,
Gedeke Sublimatpapier.

Der Verbandwechsel beim Listerverband
wurde in der Regel schon am Tage nach der Operation
nötig und geschah dann weiterhin alle 2—3 Tage.

Dieser häufige Verbandwechsel war nun ein ent-
schiedener Nachteil des Lister'schen Verfahrens. Er
widersprach vor allem dem auch von Lister mit Nach-
druck betonten Grundsatz, dass die Wunde zu ihrer
Heilung unbedingt Ruhe nötig habe. Diese Ruhe der
Wunde zu verschaffen, war nun das Bestreben einer
ganzen Reihe von Chirurgen, von denen besonders Esmarch, Neuber und Maas genannt sein mögen. Diese
Bestrebungen hatten die Einführung des Dauerverbandes im Gefolge.

Das Prinzip dieses Dauerverbandes ist das, dass
der erste unmittelbar nach der Operation oder nach der
Verletzung angelegte Verband bis zur vollendeten Wundheilung liegen bleiben soll. Die Wunde wurde mit Protectiv bedeckt, darüber der Verbandstoff gelegt und das
Operationsgebiet möglichst fixiert und ruhig gelagert.

Als die Bedingungen für das Gelingen des Dauerverbandes waren tadellose Antiseptik, exakte Blutstillung,
resorbirbares Ligatur- und Nähmaterial, Vermeidung von

Höhlenbildungen in der Wunde, Secretableitung ohne
Drainageröhren und schliesslich Verbandstoffe notwendig, welche neben einem genügenden antiseptischen Depot eine möglichst hohe Aufsaugungsfähigkeit besassen.
Die ersten Dauerverbände, die man in dieser Weise
ausführte, hatten einen grossen Erfolg. Es heilten nicht
nur Operationswunden, sondern auch schwere Verletzungen, wie komplizierte Frakturen, unter einem einzigen
Verband. Diese Art der Dauerverbände hatte aber noch
einen grossen Nachteil. Man deckte sie nämlich noch
mit einer Schicht von Guttaperchapapier und machte so
eine Verdunstung des Wundsekretes unmöglich. Es entstanden daher unter den Verbänden sehr leicht Eczeme,
und ausserdem nahmen die lange liegenden Verbände,
namentlich an den unteren Extremitäten, von den mace-
rirten Hornschichten der Haut aus, bald einen pene-
tranten Geruch an.

Diese beiden Nachteile vermied man nun bald, indem man das deckende Gummipapier, also den undurchlässigen Stoff, wegliess. Namentlich Neuber und Bruns
lehrten, dass der Dauerverband zugleich ein Trocken-
verband sein müsse.

Ein weiterer Fortschritt, der erst in den letzten
Jahren gemacht wurde, war der, dass man von dem
antiseptischen Verfahren zu dem aseptischen überging.

Nachdem man gelernt hatte, dass die Wundheilung
am besten dann vor sich geht, wenn man unter möglichster Ausschaltung der Luft- und namentlich der Con-
tactinfection operiert, sah man auch sofort ein, dass es
unnötig ist, einen Verbandstoff mit einem antiseptischen
Depot zu versehen.

Hat man wirklich aseptisch operiert, so braucht
man die Wunde auch nicht mit antiseptischem Verbandmaterial zu decken, es genügt vielmehr auch eine aseptische Bedeckung, und diese hat dabei den Vorzug, dass
sie jede Reizung der Wunde vermeidet.

Die Asepsis des Verbandmateriales kann man auf
zweierlei Weise erreichen. Einmal kann man das Verbandmaterial kochen in einem gewöhnlichen Dampf-

kochtopf; dann hat man aber den Nachteil des schweren
Trocknens; oder man benutzt zur Sterilisierung den strö-
menden Wasserdampf.

Um letztere Methode zu verwerten, braucht man
eigene Apparate, sogenannte Sterilisatoren. Solcher Sterilisatoren sind eine ganze Anzahl konstruiert worden.
Für die Praxis eignen sich ziemlich in gleicher Weise
die Apparate von Schimmelbusch, von Braatz, von
Kronacher, von Rotter, Körte und Anderen.

Diese Apparate gestatten, den Verbandstoff jedesmal vor der Operation oder vor der Anlegung des Verbandes keimfrei zu machen.

Um für die praktischen Aerzte keimfreies Verbandmaterial vorrätig zu haben, wird jetzt die Sterilisation
von den Verbandstofffabriken besorgt. Die Verbandstoffe müssen zuerst in der Weise eingepackt werden,
wie sie verschickt werden sollen, und müssen dann steri-
lisiert werden. Um dies erreichen zu können, hatte
zuerst Gleich an der Billroth'schen Klinik empfohlen,
die Verbandstoffe innerhalb verschlossener Pappschachteln in trockener Hitze zu sterilisieren. Turner
und Crupin haben dann einen Apparat konstruiert, in
dem es gelingt, die in den verschlossenen Pappschachteln
befindlichen Verbandstoffe auch durch Wasserdampf
zu sterilisieren. In neuerer Zeit hat endlich Dührssen
„sterilisierte, antiseptische und aseptische Einzelverbände"
in verschieden grossen Blechkapseln eingeführt; in diesen
Blechkapseln befinden sich sterilisierte Jodoformkompres-
sen, Watte und Binden. (Apotheker Strobe in Karlsruhe.)

Das unstreitig beste Verbandmaterial
zu aseptischen Zwecken ist die einfache Gaze (Mull).
Für grössere Betriebe ist die Gaze allein aber zu teuer;
man legt dann auf die Wunde selbst nur eine dünnere
Schicht Gaze auf und legt dann auf diese ein billigeres,
aber auch gut aufsaugendes und leicht austrocknendes
Verbandmaterial; namentlich haben sich die Moosver-
bände (Torfmoos, Mooswatte, Moospappe), ebenso auch
die Holzwolle einer grösseren Verbreitung zu erfreuen.

Eine besondere Modifikation des aseptischen Verbandes erfordert die Heilung der Wunden unter dem feuchten Blutschorf nach Schede. Nach streng aseptischer Operation lässt man die Wundhöhle sich mit Blut anfüllen, legt auf dieselbe Protectiv und darüber einen aseptischen Verband. Der Protectiv soll eine Verdunstung des Blutes in der Wunde verhindern, dagegen soll der Verband nach Möglichkeit die Verdunstung und Eintrocknung des überflüssigen, in den Verband gedrungenen Blutes befördern. Die Methode eignet sich besonders für Operationen an den Knochen, namentlich für Necrotomieen.

Eine andere Modifikation des aseptischen Verbandverfahrens besteht in der von Kocher und von Bergmann hauptsächlich empfohlenen Jodoformgazetamponade. Dieselbe wird in der Weise ausgeführt, dass man die Wunde mit Jodoformgaze ausstopft und diese Jodoformgaze dann nach mehr oder weniger langer Zeit, nach 3—8 Tagen entfernt, um dann die Wunde entweder secundär zu nähen oder von der Tiefe granulieren zu lassen. Die Methode kommt namentlich bei der Operation tuberkulöser Affektionen der Haut, Drüsen, Gelenke und Knochen, bei allen Operationen, bei denen keine exakte Blutstillung möglich ist, und bei den Operationen am Mund, Nase, Mastdarm und Urogenitaltractus in Verwendung.

Anstatt der Jodoformgaze verwendet man heutzutage in all den Fällen, in denen man nicht gerade die Wirkung des Jodoform betonen will, zur Tamponade zweckmässiger sterile Gaze. Man hat dann nicht die Gefahr der Jodoformintoxication.

Grössere Wundverbände an den einzelnen Körperteilen.

Nachdem wir nunmehr die Prinzipien kennen gelernt haben, nach denen die antiseptischen resp. aseptischen Verbände angelegt werden sollen, wollen wir beschreiben, in welcher Weise die Anlegung grösserer aseptischer Wundverbände an den einzelnen Körperteilen geschehen soll. Ein bestimmtes Schema kann man natürlich für diese Verbände nicht aufstellen; wer sich die einzelnen typischen Verbände gut zu eigen gemacht hat, wird auch diese grösseren Verbände ohne jede Schwierigkeit anlegen können, indem er sich die für den betreffenden Körperteil früher angegebenen Verbandtypen von Fall zu Fall variirt.

Allgemein gilt die Regel, auf die Wunde zunächst eine mehrfache Schicht steriler Gaze zu legen; behält man nun die Gaze als Verbandmaterial bei, so kommt auf diese erste Lage geschichteter Gaze, eine solche ungeschichteter, sogenannter gekrüllter Gaze. Auf diese Schicht kommt dann sterilisierte entfettete Watte, und das Ganze wird mit Mullbinden oder Cambricbinden eingewickelt. Befürchtet man ein leichtes Abrutschen dieser Binden, so kann man über diese noch eine gestärkte Binde, sog. blaue Binde herumwickeln.

Nimmt man statt der Gaze als weiteres Verbandmaterial z. B. Torfmoos, so wird über die Gazelage das Torfmooskissen gelegt und dieses dann eingewickelt. Diese Torfmooskissen haben den Vorteil, dass sie dem betreffenden Körperteil gleich eine gute Stütze gewähren.

Sehr wichtig ist für die Anlegung der grösseren Wundverbände die Regel, dass man den Patienten beim Anlegen des Verbandes die Lage einnehmen lässt, welche er nachher im Bette einnehmen soll. Befolgt man diese Regel nicht, so wird man sehr oft z. B. am Hals, Brust und Bauch und ebenso an den Extremitäten Misserfolge erleben.

Wundverband am Kopfe. (Tafel 84.)

Der Wundverband am Kopfe muss in der Weise angelegt werden, dass die ganze Schädelwölbung mit dem Verbandstoff gedeckt wird. Man macht einen solchen „Wickelverband" für den Kopf in der Weise, dass man mit einer Zirkeltour um Hinterhaupt und Stirn beginnt und die einzelnen Bindentouren so verlaufen lässt, wie die Touren des Capistrum simplex oder du-

Wundverband am Hals.

Tafel 86.

Wundverband an der Brust.

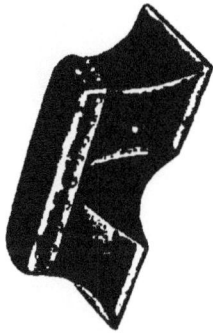

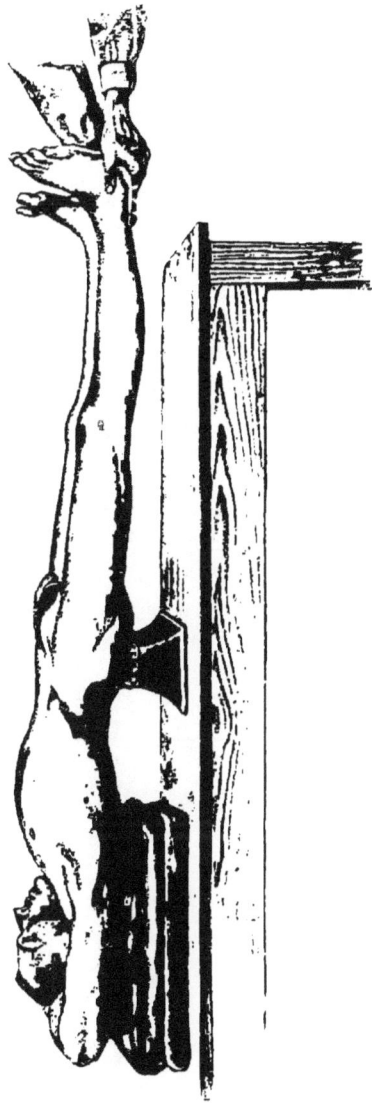

dann mit Touren einer Spica humeri descendens die
Schulter und den oberen Teil des Oberarms ein. Ist
die Schulter zugedeckt, so macht man noch einige Kreistouren um die Brust und am unteren Ende des Verbandes.
Um hier wirklich einen guten Abschluss zu erzielen,
müssen die letzten Bindentouren angelegt werden, während
die Patientin in horizontale Lage gebracht wird. Hat
man die letzten Touren im Sitzen der Patientin angelegt,
so werden dieselben unfehlbar vom Leibe abstehen, sobald die Patientin ins Bett gelegt wird.

Wundverbände am Unterleib. (Tafel 87 u. 88.)
Bis vor wenigen Jahren wurden nach Laparotomien
ausserordentlich grosse Verbände um den Leib gewickelt.
In neuerer Zeit ist dies nicht mehr üblich. Man legt
eine dünne Schicht steriler Gaze auf die genähte Wunde
auf und befestigt die Gaze an den Rändern entweder mit
Heftpflasterstreifen oder durch Aufpinseln von Collodium.
Will man aber eine Compression durch den Verband
erzielen, so muss man den Verbandstoff mit Kreistouren
befestigen und muss, damit diese nicht abrutschen, die
Binden auch mehrmals nach Art einer Spica coxae descendens um beide Hüften und Oberschenkel herumführen.

Man erleichtert sich das Anlegen der Bindentouren
wesentlich dadurch, dass man unter das Becken ein
Stützbänkchen unterschiebt. Die am meisten zu em-
pfehlenden Bänkchen sind die von v. Volkmann und
Czerny. Das letztere hat den Vorteil, dass es sich
leicht höher und tiefer stellen lässt. (Tafel 87.) Im Notfall
können auch zwei kräftige Assistentenhände das Becken von
unten her heben. Welches von diesen beiden Bänkchen
man auch wählen mag, so muss man immer dafür sorgen,
dass die Schulterblattgegend und der Kopf durch entsprechend hohe Kissen ebenfalls gestützt werden. Um
sowohl das Becken als den Rumpf gleichmässig stützen
zu können, hat Ollier eine recht praktische Vorrichtung
angegeben, die sich für jede Körpergrösse benützen lässt.
Ihre Gestalt und Anwendungsweise erhellt wohl ohne
weiteres aus der Abbildung. (Tafel 88.)

Wundverbände am Becken. (Tafel 89, 90 & 91.)

Wundverbände am Becken sind sehr häufig anzulegen. Wir brauchen sie nach den Operationen am Hüftgelenk, nach Operationen in der Leistengegend, so nach Drüsenexstirpationen und Bruchoperationen, nach Operationen am Kreuzbein, an den Hoden u. s. w.

Um diese Verbände richtig anlegen zu können, ist zunächst eine richtige Lagerung der Patienten nötig. Man kann sich da auf verschiedene Weise helfen. Entweder hebt man das Becken in die Höhe, indem man, wie wir das eben beschrieben haben, ein v. Volkmann-sches oder Czerny'sches Bänkchen oder die Ollier'sche Stütze unterschiebt, oder man legt den Patienten quer so auf den Operationstisch, dass er auf diesem nur mit seinem Oberkörper aufliegt. Damit er dann nicht abrutscht, muss ihn ein Assistent halten und zwar in der Weise, dass er die Brust unterhalb der Achselhöhlen von beiden Seiten her mit den flach aufgelegten Händen und abducirten Daumen umgreift; ein zweiter Assistent muss die beiden abducirten Beine halten; schliesslich braucht man noch einen dritten Assistenten, der das Becken von unten her in die Höhe drücken muss. (Tafel 89.) Diese Lagerung ist namentlich bei erwachsenen Patienten unbequem und ermüdend für die Assistenten. Man hat deshalb besondere Lagerungsvorrichtungen construiert, die es gestatten, den Patienten vom Operationstisch direkt ohne Assistentenhände in die Höhe zu heben und dies zugleich zu thun, ohne das Verbandgebiet selbst zu verdecken. Der bekannteste und empfehlenswerteste dieser Apparate ist der von Hase-Beck construirte Krankenheber. (Tafel 90.)

Wie die Abbildung zeigt, geschieht mittelst dieses Apparates die Hebung des Patienten in der Weise, dass mehrere Zangen den Oberkörper des Patienten umgreifen, während das Becken selbst und die Extremitäten durch T förmige Unterstützungsvorrichtungen unterstützt werden. Mittelst einer Kurbel wird dann der Patient elevirt. Der Apparat leistet ganz ausgezeichnete Dienste, er belästigt den Patienten absolut nicht und gestattet dem Arzt ein ausserordentlich bequemes Hantiren.

Hat man nun auf die eine oder andere Weise das Becken hochgelagert, so dass man bequem herankommen kann, so werden in jedem Falle die beiden Spinae ilei anteriores superiores durch Auflegen einer dickeren Schicht Watte geschützt.

Ueber jeder Spina macht man in die Watteschicht ein Loch, so dass sich die Watte gut um die Spina herumlegen kann. Dann deckt man die Wunde mit der einfachen Gazeschicht, legt auf diese Krüllgaze auf und polstert schliesslich von der Mitte beider Oberschenkel an bis zum Nabel herauf die Weichteile mit Watte. Das Ganze wickelt man ein, indem man die Touren der Spica coxae duplex als Grundlage benutzt. Besondere Sorgfalt muss man darauf verwenden, dass der untere Rand des Verbandes an beiden Oberschenkeln, ferner der Rand des Verbandes an der Leiste gegen die Labien resp. das Scrotum und schliesslich der obere Rand des Verbandes am Leib gut anliegt. Gerade am Leib aber dürfen die Bindentouren nicht zu fest sitzen, sonst schneidet der Verband ein. Besondere Sorgfalt muss man bei Kindern darauf verwenden, dass der Verband nicht alsbald von Urin und Kot durchtränkt wird. Den Abschluss gegen Urin erreicht man noch am besten in der Weise, dass man nach völliger Fertigstellung des Verbandes zwei breite Streifen Billrothbattist, entsprechend der Leistengegend und der inneren Seite des Oberschenkels mit Stärkebinden anwickelt; der Billrothbattist muss beiderseits bis zum Knie herunterreichen. Um den Kot vom Verband abzuhalten, lagere ich kleinere an der Hüfte oder an der Leiste operirte, mit dem eben geschilderten Wundverband versehene Kinder stets in ein Phelps'-sches Stehbett. (Tafel 91.) Unter ein solches Bett kann die Bettschüssel einfach untergestellt werden, und der Ko vermag den hinteren Teil des Verbandes nicht zu beschmutzen.

Wundverband am Damm. (Tafel 92.)

Nach Operationen am Damm beim männlichen oder
weiblichen Geschlecht liegt der Patient zur Anlegung
des Verbandes gewöhnlich in Steinschnittlage, d. h.
ein unter das Kreuzbein geschobenes Bänkchen erhöht das
Becken, während gleichzeitig die beiden Beine von
Assistenten im Hüftgelenk gebeugt gehalten werden.
In der geschilderten Stellung wird nun zunächst auf die
Wunde am Damm die Verbandgaze aufgelegt, beim
männlichen Geschlecht muss man hierzu das Scrotum
in die Höhe halten lassen. Auf die einfache Verband-
schicht wird Krüllgaze aufgelegt und dann ordentlich
mit Watte nachgepolstert. Die Wattepolsterung umfasst
noch die oberen Drittel beider Oberschenkel und den
unteren Teil des Rumpfes; eine besondere Polsterung
umfasst ferner den Penis und das Scrotum, und zwar so,
dass man die Watteschicht in der Mitte durchbohrt
und den Penis hindurchsteckt. Nun wickelt man zuerst
eine regelrechte Spica coxae duplex an, dann führt
man die Binden in Achtertouren um beide Hüftgelenke
herum, so dass eine Spica gerade in der Mitte des
Dammes entsteht. Die Bindentouren verlaufen dabei
von der Spina ilei ant. sup. der einen Seite unter
dem Scrotum resp. der Vulva vorbei, um die Rückseite des anderen Schenkels herum zur Spina ilei ant.
sup. dieser Seite hin und von da in gleicher Weise
über den Damm und den anderen Oberschenkel herum,
zu der Spina, von der man ausgegangen ist. Beim Anwickeln dieser letzteren Bindentouren muss man darauf
achten, dass die Peniswurzel nicht eingeschnürt wird.
Ist der Verband fertig, so sichert man die richtige
Lage der Binden am Damm dadurch, dass man sie
noch mit einer Sicherheitsnadel aneinanderheftet. Endlich muss man darauf achten, dass die Analöffnung völlig
frei ist; um eine Beschmutzung des Verbandes mit Koth
zu verhüten, schiebt man unter die hinteren, sich kreu-
zenden Touren ein Stückchen Billroth battist oder Guttaperchapapier ein und schlägt dieses nach oben um. Einen
ebensolchen Schutz fügt man beim weiblichen Geschlecht

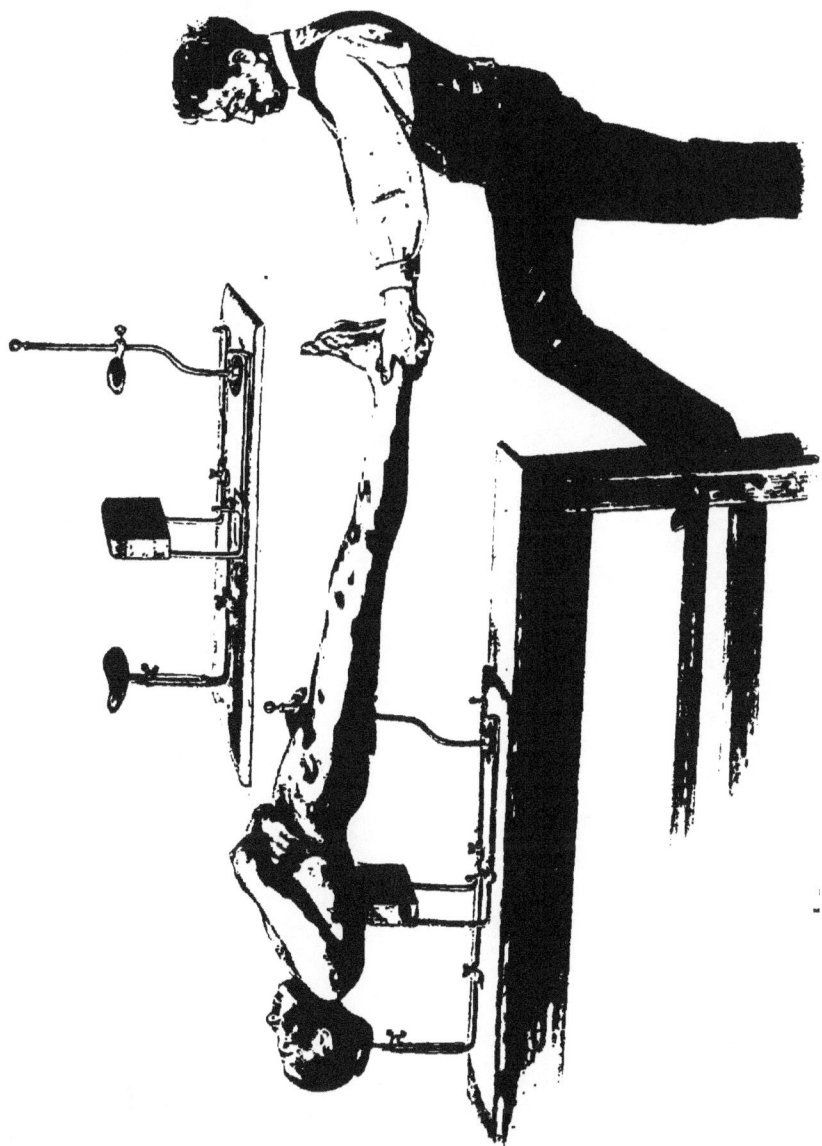

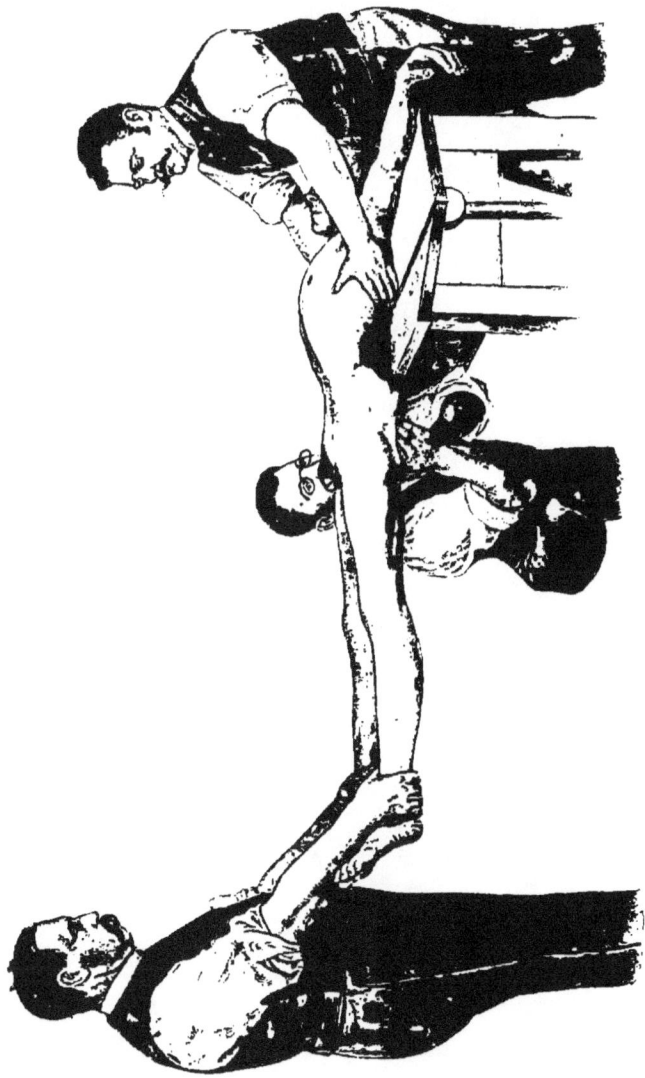

Stützen des Beckens durch einen Assistenten von unten her.

Hase-Beck'scher Krankenhebeapparat.

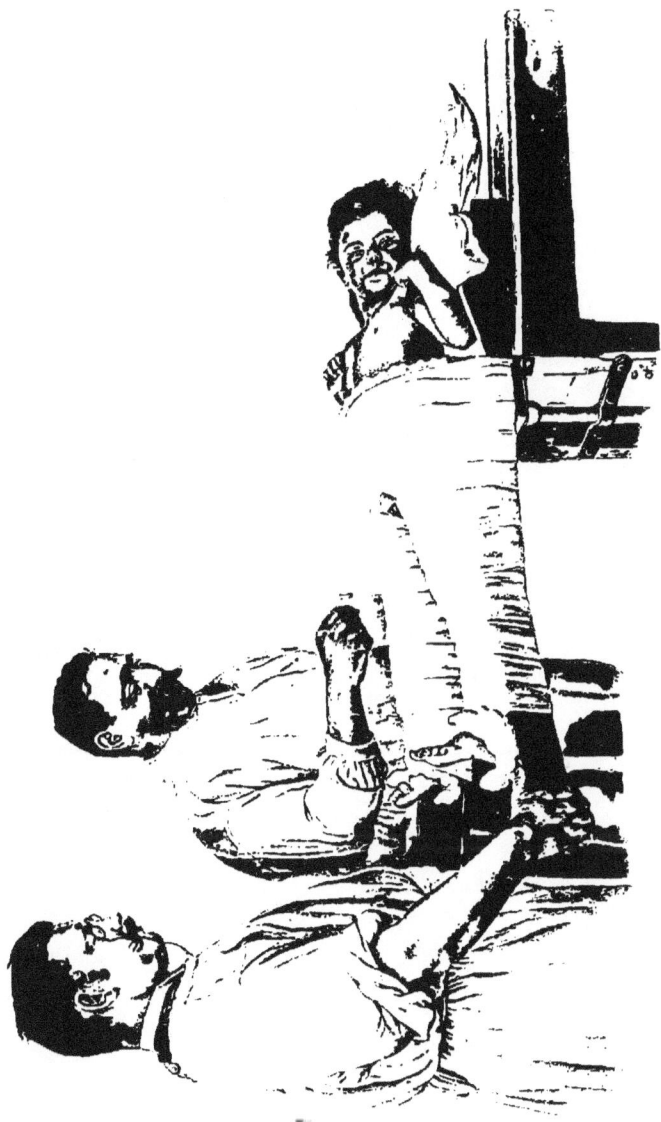

Lagerung des Kranken in einem Stehbett.

am oberen Rande des Dammverbandes ein zur Ver-
hütung einer Beschmutzung von der Scheide aus; bei
Männern legt man den Billrothbattist so an, dass
man ein Loch in den Battist schneidet und den Penis
hindurchsteckt.

Wundverbände an den Extremitäten.

Das Anlegen von Wundverbänden an den Extremitäten bietet in der Regel keine Schwierigkeiten. Man gibt
dem betreffenden Gliede die erwünschte Stellung, legt
dann den Verband an und fixiert in der Regel das Glied
in dieser Stellung noch durch einen Contentivverband.

c) Lagerungs-Verbände.

Die Lagerungsverbände gebraucht man teils zur Behandlung entzündeter, teils zur Behandlung verletzter
Glieder; sie spielen namentlich in der Frakturbehand-
lung eine Rolle und haben hier im Wesentlichen den
Zweck, durch eine passende Lagerung des Gliedes der
Zunahme der Dislokation der Frakturenden entgegenzu-
wirken, bis der definitive Frakturverband angelegt werden
kann.

Man kann die einzelnen Lagerungsverbände in verschiedene Gruppen unterbringen.

Kissen.

Kissen sind in verschiedener Form in der alltäg-
lichen Praxis in Gebrauch. Da haben wir zunächst die
Spreukissen, die mit Haferspreu oder
Hirsespreu gefüllt werden, die Häcksel- und
Sandkissen. Man füllt alle Kissen nur bis zur
Hälfte an, so dass sie sich dem betreffenden Glied gut
anschmiegen. Eine Abart der Sandkissen sind die Sand-
säcke, die in der Regel in Wurstform vollgefüllt
werden und als Stütze für eine operierte oder verletzte
Extremität dienen.

Andere Kissen werden von vorneherein in einer
bestimmten Form angefertigt und mit Rosshaar oder See-

gras gepolstert. Repräsentanten dieser Art von Kissen sind für die obere Extremität das Desault'sche Kissen, das Stromeyer'sche Kissen und der Middeldorpf'sche Triangel, für die untere Extremität das v. Dumreicher'sche Kissen.

Das Desault'sche Kissen haben wir bereits kennen gelernt anlässlich des Desault'schen Verbandes. (Taf. 93 a.)

Das Stromeyer'sche Kissen (Tafel 93 b) kommt zur Verwendung bei Verletzungen des Schultergürtels und des Oberarmes. Es ist ein dreieckiges, an den Spitzen abgestumpftes Kissen, das von der schmalen Basis an gegen die rechtwinklige Ecke an Dicke zunimmt. Die obere stumpfe Spitze kommt in die Achselhöhle, die untere an das Handgelenk, der rechte Winkel unter den kranken Ellbogen. Mittelst einer über die gesunde Schulter geführten Binde wird zunächst das Kissen an den Thorax befestigt, dann wird der rechtwinklig gebeugte Arm über dem Kissen an den Leib gelegt und über dem Kissen an den Thorax mittelst einer Binde angewickelt. Ueber das Ganze kommt dann noch eine gewöhnliche Mitella triangularis, und so hat der Arm wirklich eine gute Stütze.

Der Middeldorpf'sche Triangel (Tafel 94) dient zur Fixation des gebrochenen Oberarms in Abduktionsstellung. Ein dreieckiges Rosshaarkissen wird mit seiner Basis längs der Seitenfläche des Rumpfes angelegt; mittelst Gurten, die an den beiden Enden der Basis angenäht sind, wird das Kissen an den Thorax befestigt. Ueber die beiden kurzen Seiten des Dreiecks wird nun der Ober- und Unterarm so herübergelegt, dass das Ellbogengelenk gerade an den rechten Winkel zu liegen kommt. In dieser Stellung wird dann der Arm mit Binden an das Kissen anbandagiert. Um ein Oedem des Armes zu verhüten, muss derselbe vor dem Anbandagieren auf das Kissen von den Fingerspitzen bis zu der Schulter gut eingewickelt werden. In neuerer Zeit benutzt man statt des Kissens lieber einen dreieckigen Rahmen. Dieser Rahmen besteht aus drei, entweder aus Holz oder Draht angefertigten Hohlrinnen, die einerseits zur Aufnahme von

Wundverband an Damm.

Tafel 93.

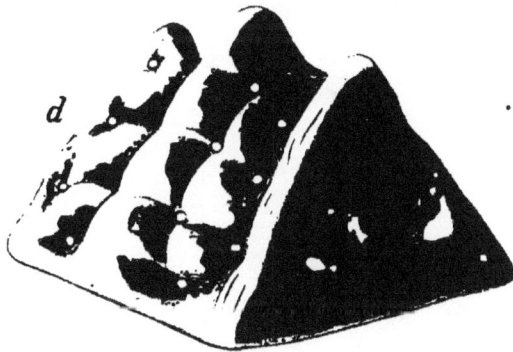

a) Desault'sches Kissen.
b & c) Strohmeyer'sches Kissen.
d) v. Dumreicher'sches Kissen.

Tafel 94.

Middeldorpf'scher Triangel.

61

Ober- und Vorderarm, andererseits zum Anlegen an die
Seitenfläche des Thorax bestimmt sind. Die Anwendung
ist die gleiche wie beim Kissen. Der Rahmen wird entweder mit Gurten an den Thorax befestigt oder mittelst
Binden angewickelt, der Arm in gleicher Weise, wie
oben beschrieben, am Triangel anbandagiert.

Das v. Dumreicher'sche Kissen für die untere Extremität ist ein keilförmiges Polsterkissen, bestimmt zur
Aufnahme des Beines bei Oberschenkelbrüchen. (Taf. 93 d.)

Laden. (Taf. 95.)

Unter Laden in ihrer einfachsten und ältesten Form
versteht man längliche, viereckige, oben offene Kasten,
welche die ganze Länge des Unterschenkels aufnehmen,
und gepolstert, dem Bein von der Ferse bis zum Knie
eine bequeme Lagerung ermöglichen sollen. Fussbrett
und Seitenteile der Lade lassen sich auf- und nieder-
klappen. Die bekanntesten dieser Laden sind die Petit-
Heister'sche Lade und die Scheuer'sche Lade.

An der Petit-Heister'schen Lade ist ausser
der eigentlichen Lade noch ein Gestell zum Hoch- und
Niederstellen derselben angebracht und ebenso noch eine
Unterlage für den Oberschenkel, die mit dem Boden der
Lade einen stumpfen Winkel bildet. (Taf. 95 a.)

Recht einfach ist die Scheuer'sche Lade, die
ausser dem Fussbrett einfach aus drei Holzlatten besteht,
die durch einfache Coulissenvorrichtungen befestigt und
mit Binden oder Riemen an den Unterschenkel ange-
bunden werden. (Taf. 95 b.)

Die einfach und doppelgeneigte schiefe Ebene. (Taf. 96.)

Die einfach geneigte schiefe Ebene
(Planum inclinatum simplex) dient einfach zur
Hochlagerung des Beines. Man stellt die erhöhte Lage
am einfachsten durch Unterlegen von Kissen oder durch
Unterschieben eines umgelegten Stuhles oder schiefes Ein-
legen eines Brettes her. (Taf. 96 a.)

Die doppelt geneigte schiefe Ebene (Planum
inclinatum duplex) hält zur Erschlaffung der Muskeln

das Bein im Hüft- und Kniegelenk leicht gebeugt. Wenn der Oberschenkelteil des Apparates länger ist als der Oberschenkel des Patienten, so kann man mit dem Apparat gleichzeitig noch eine Extension am Oberschenkel ausüben, indem die Schwere des Rumpfes nach unten zieht, während der Gegenzug am oberen Ende des Unterschenkels statt hat. Eine zweckmässige Ergänzung brachte v. Esmarch an der doppelt geneigten schiefen Ebene an, nämlich eine Reihe etwa fingerdicker Stäbe, die in Löcher des Apparatrandes in bestimmten Abständen eingesteckt werden. Dieselben dienen als gute Stütze für die Polsterung und das Glied und können nach Bedarf entfernt und wieder eingesetzt werden. (Tafel 96b.)

Aehnlich dieser v. Esmarch'schen Vorrichtung ist die Fialla'sche Stäbchen-Beinlade, die aus einer grösseren Anzahl etwa 30 cm langer Holzstäbchen und einer Eisenstange mit Schraubenmutter besteht. Tafel 96 c & d.) Die an einer durchbohrten Scheibe festsitzenden Stäbchen werden über den am unteren Ende mit einer Platte versehenen Eisenstab geschoben und können an demselben in jeder beliebigen Stellung durch die Schraube befestigt werden.

Reifenbahren. (Tafel 97a.)

Reifenbahren sind aus Holz oder Metall oder aus einer Verbindung beider hergestellte Lagerungsapparate, welche dazu dienen, irgend einen Körperteil, in der Regel den Fuss, vor dem Drucke der Bettdecke zu bewahren. Sie können ferner Verwendung finden, um Eisbeutel an ihnen anzubringen oder auch um das betreffende Glied an ihnen zu suspendieren. Die gewöhnliche Reifenbahre besteht aus Holzstäben, an denen in bestimmten Abständen Drahtreifen angebracht sind.

Stehbetten. (siese Tafel 91.)

Die alte v. Renz'sche Spreizlade, welche das gebrochene Bein in Abduktionsstellung fixieren sollte, ist in neuerer Zeit zum Phelps'schen Stehbett ergänzt worden. Dieses Phelps'sche Stehbett, das in der Orthopädie häufig angewendet wird, benützen wir, wie schon

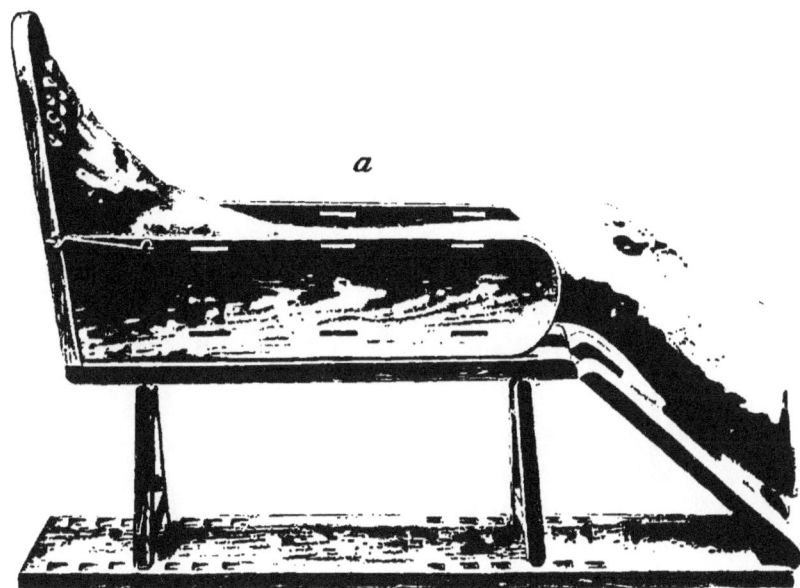

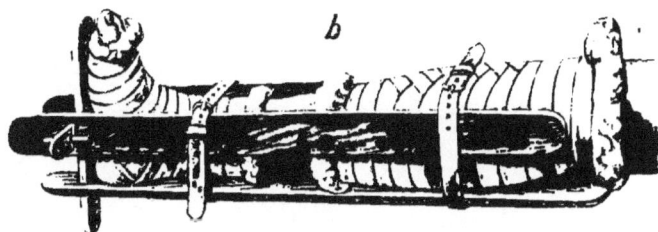

a) Petit-Heistersche Lade.
b) Scheuer'sche Lade.

Tafel 96.

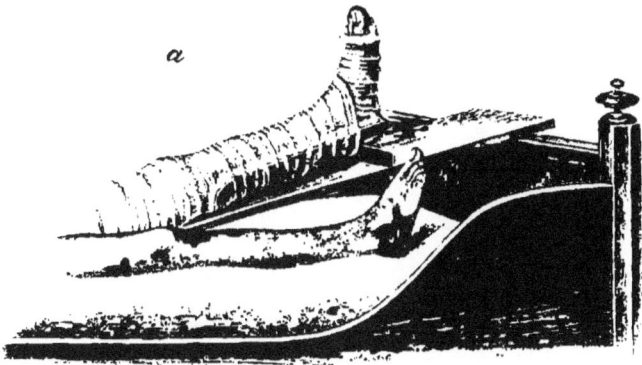

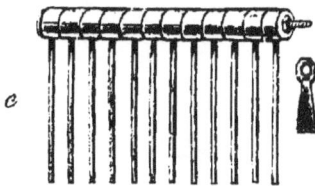

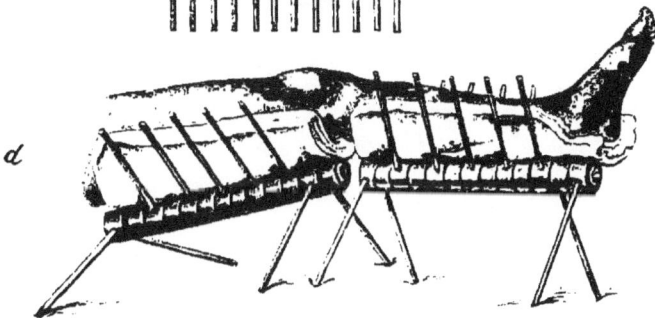

a) Einfach geneigte schiefe Ebene.
b) Doppelt geneigte schiefe Ebene.
c) Fialla'sche Stäbchenbeinlade.

a

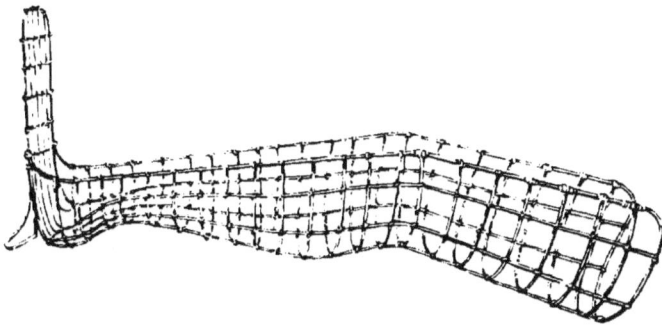

b.

c.

a) Mayor'sche Drahtrinne.
b Roser'scher Drahtrinne.
c) Bonnet'sche Drahthose.

Tafel 98.

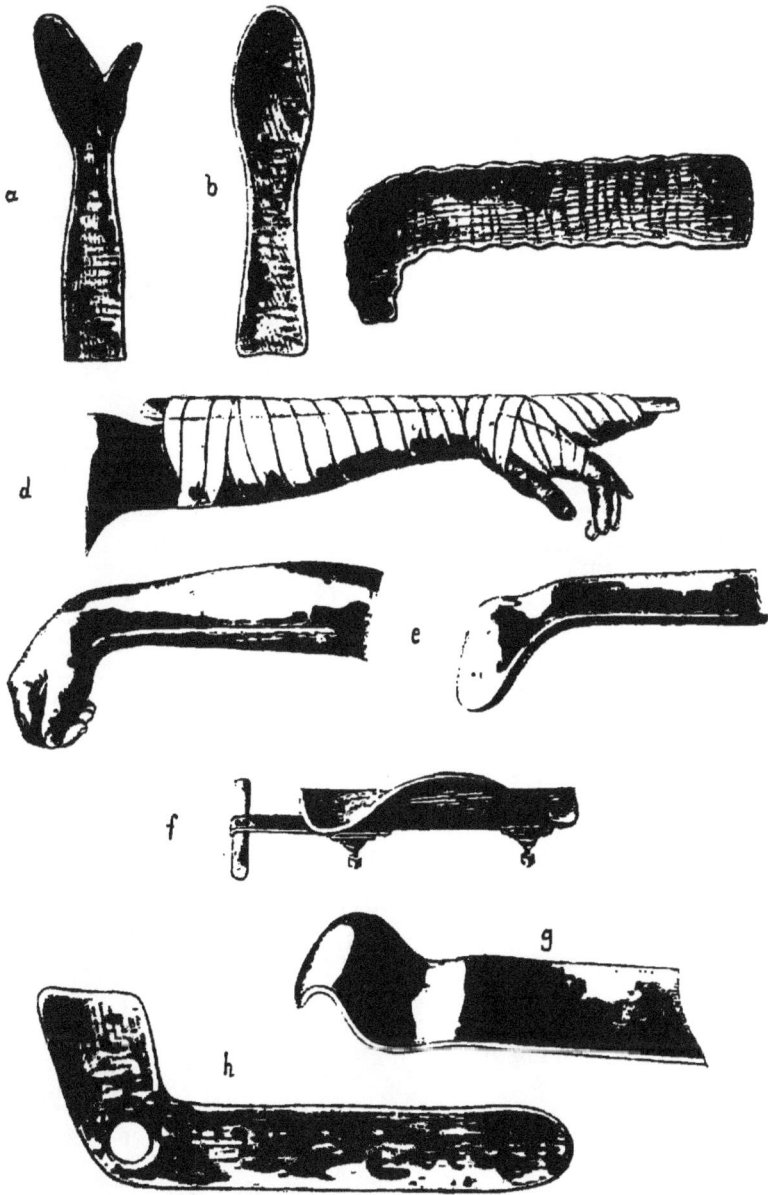

& b) Strohmeyer'sche Handbretter.   c) Nelaton'sche Pistolenschiene.
d) Roser'sche Dorsalschiene für die Fractura radii loco classico.
e) Schede'sche Schiene   ,,   ,,   ,,   ,,   ,,
f) Carr'sche Schiene   ,,   ,,   ,,   ,,   ,,
g) Cover'sche Schiene   ,,   ,,   ,,   ,,   ,,
h) Stromeyer'sche Armschiene.

früher erwähnt, zur Lagerung kleinerer, an der Hüfte operierter Kinder, ferner bei Oberschenkelbrüchen kleinerer Kinder. Man lässt nach der Form und Grösse des Körpers eine Holzlade anfertigen, deren Seitenhöhe etwas grösser ist als der sagittale Durchmesser des Rumpfes. Die beiden Beinladen befinden sich in mässiger Spreizstellung. An den Seitenwänden sind an den betreffenden Stellen Armausschnitte angebracht. Der Analgegend entsprechend befindet sich ein ovaler Ausschnitt an dem Rückenbrett. Die Polsterung geschieht mittelst eines gleichgeformten, in die Lade passenden Rosshaarkissens, dessen Analausschnitt man zum Schutze gegen Durchnässung und Beschmutzung mit Wachstaffet überzieht. Auf dieses Kissen legen wir noch in ganzer Ausdehnung der Lade eine dünne Schicht entfetteter Watte. Ist das Bett präpariert, so wird das Kind hineingelegt und mit Binden an dasselbe angewickelt. Um die Oberschenkel befestigt man zum Schutze gegen den Urin eine Schicht wasserdichten Stoffes. (siehe Tafel 91.)

Das Stehbett hat ausserordentlich grosse Vorteile. Man kann die Kinder in den Betten überall herumtragen; ausserdem ist die Defäkation und Urinentleerung ausserordentlich erleichtert, da man die Kinder im Verband nicht jedesmal in die Höhe zu heben und auf das Stechbecken zu setzen braucht, indem man dies letztere vielmehr einfach unter den Analausschnitt einschiebt.

Drahtrinnen und Drahthosen. (siehe Tafel 97.)

Die Drahtrinnen wurden zuerst von M a y o r empfohlen, dann namentlich von R o s e r und B o n n e t vervollkommnet.

Die einfachen M a y o r'schen Drahtrinnen bestehen aus einem Rahmen von stärkerem Drahte, welcher von einem Geflecht dünneren Drahtes übersponnen ist. Die Polsterung geschieht entweder mittelst einer dünnen Rosshaarmatratze oder mittelst Watte. (Tafel 97 b.)

R o s e r stellte die Drahtrinnen für die untere Extremität aus drei Stücken her, um die Rinnen leichter jeder Extremitätengrösse anpassen zu können. (Taf. 97 c.)

64

Durch Verbindung zweier Drahtrinnen und Hinzu-
fügung eines Beckenteiles erzeugte Bonnet seine be-
kannte Drahthose zur bequemen Lagerung der Beine und
des Beckens. (Tafel 97 d.)

d) Contentivverbände.

Die Contentivverbände dienen zur Feststellung der
verschiedensten Körperteile und finden eine ausserordentlich mannigfaltige Verwendung, da sie sowohl die Ruhigstellung entzündeter und operierter, als die Fixation ge-
brochener Glieder erstreben.

Man teilt die Contentivverbände ein in S c h i e n e n -
v e r b ä n d e , oder auch genannt a m o v i b l e Verbände, und in e r h ä r t e n d e oder auch i n a m o -
v i b l e Verbände genannt.

Für die Anwendung der Contentivverbände gelten
folgende allgemeine Regeln:

1. Man soll in der Regel schon vor Anlegung des
Verbandes dem Glied d i e j e n i g e Stellung geben, in der
man später den betreffenden Körperteil fixiert haben
will.

2. Die Contentivverbände sind gut zu u n t e r p o l -
s t e r n. Dabei sind besonders hervorragende Knochen-
punkte zu berücksichtigen, damit über denselben kein
Decubitus entsteht.

3. Der Verband darf nicht zu locker angelegt werden,
weil er sonst seinen Zweck nicht erfüllt.

4. Der Verband darf aber auch nicht zu fest angelegt
werden. Namentlich darf an keiner Stelle eine zirkuläre
Einschnürung des Gliedes durch eine zu fest angezogene
Bindentour statthaben, weil es sonst leicht zu venöser
Stauung, ja zu einer Gangrän des abgeschnürten Teiles
kommen kann.

5. Der Contentivverband soll in der Regel die
beiden Gelenke oberhalb und unterhalb des zu fixierenden
Körperteils einschliessen, da bei Einbeziehung nur eines
Gelenkes eine völlige Ruhigstellung nicht zu erzielen ist.

Tafel 99.

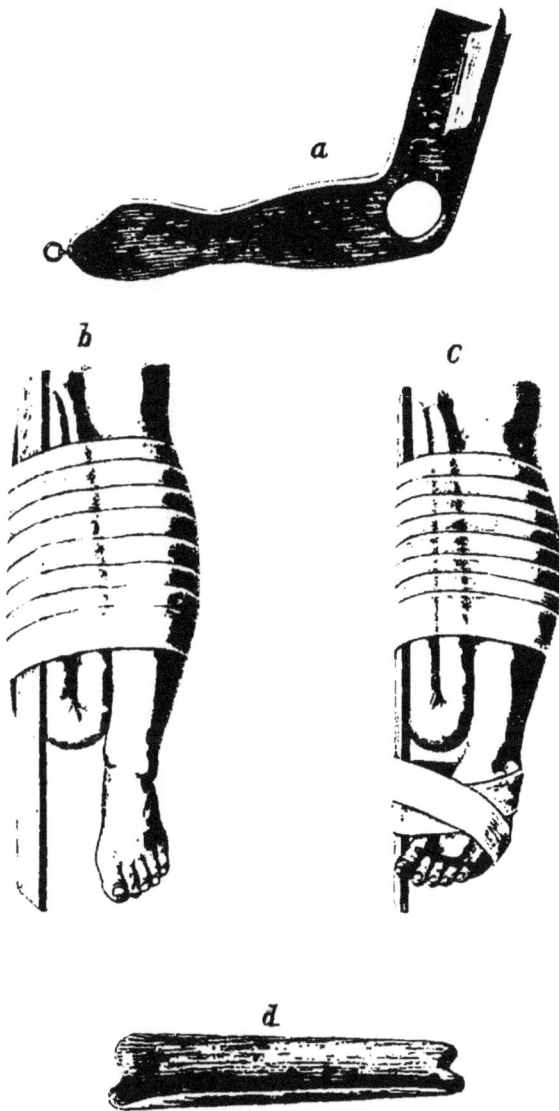

a) v. Volkmann'sche Suspensionsschiene.
b & c) Dupuytren'scher Verband bei Malleolarfraktur.
d) v. Volkmann'sche Knieschiene.

65

6. Der Contentivverband muss sorgfältig überwacht werden, damit er beim Eintreten ungünstiger Erscheinungen sofort gewechselt werden kann. Solche ungünstige Erscheinungen sind: Heftige und anhaltende Schmerzen, sowie Anschwellung und blaurote Verfärbung der freigelassenen peripheren Teile des Gliedes, Finger und Zehen.

A. Schienenverbände.

Schienen sind verschieden geformte, feste Verbandgeräte, welche zur Stütze irgend eines Körperteiles dienen, und sich daneben noch zu mannigfachen anderen Verrichtungen verwenden lassen, wie zur passenden Lagerung, zur Suspension, zur Extension und Distraktion.

Wir besprechen die Schienen nach dem verschiedenen Material, aus dem man sie herstellt.

Holzschienen.

Die Holzschienen werden aus den mannigfachsten Holzarten hergestellt, namentlich aber aus dem Holz der Birke, Eiche, Linde, Tanne, des Nussbaum und des Ahorn.

Die gebräuchlichsten Holzschienen sind folgende:

Für die obere Extremität haben wir zunächst die verschiedenen Hand- und Vorderarmschienen; sie bestehen aus leichtem Holz und werden mit Watte gepolstert.

Zur Ruhigstellung der H a n d dienen die einfachen Handbretter (St r o m e y e r), die mit oder ohne besondere Schiene für den Daumen in Gebrauch sind. (Tafel 98 a, b.)

Die N é l a t o n 'sche Pistolenschiene dient zur Fixierung des gebrochenen Radius. (Tafel 98 c.) Sie wurde verbessert von S c h e d e in der Weise, dass sich die Hand auf der Schiene nicht nur in ulnarer Abduction, sondern auch in volarer Flexion befindet. (Tafel 98 e.)

Ebenfalls zur Behandlung der Radiusfraktur dienen: die R o s e r 'sche Dorsalschiene, die C a r r 'sche Schiene und die C o o p e r 'sche Schiene.

Zur Herstellung der R o s e r 'schen Dorsalschiene wird eine gut gepolsterte, von dem Ellbogen bis zu

den Fingerspitzen reichende Holzschiene von der Breite
des Armes so auf die Dorsalfläche des Vorderarmes gelegt, dass die Hand in volarer Flexionstellung herabhängt.
Zwischen den Handrücken und die vorstehende Schiene
wird nun Watte keilförmig eingesteckt. Dann wird die
Schiene mittelst einer Binde am Arm befestigt, während
die Finger frei bleiben. (Tafel 98 d.)

Die Carr'sche Schiene ist eine leichte Holzschiene, auf die ein konvexes hölzernes Lager aufge-
schraubt wird, das genau der konkaven Radiusfläche entsprechend, auf der radialen Seite etwas über 1 cm dick
ist, nach der ulnaren Seite hin sich abflacht und vor dem
Handgelenk ganz niedrig wird. Vorn ist schräg an die
Schiene ein rundliches Querstück befestigt, das der Hand
als Stützpunkt dient. Der Patient umgreift dieses Querstück, so dass der Daumen radial nach unten zu liegen
kommt; dann wird die Schiene an den Vorderarm mit
Binden angewickelt. (Tafel 98 f.)

Die Cooper'schen Radiusschienen sind wellenförmig
gestaltet. Sie besitzen eine Höhlung für das Handgelenk
und einen leicht winklig abgebogenen Handteil.

Die Stromeyer'sche Armschiene dient zur Aufnahme des ganzen Armes. Sie ist flach ausgehöhlt, stumpfwinklig abgebogen und mit einem Loch für die Condylen des Oberarms versehen. (Tafel 98 h.)

Die v. Volkmann'sche Flügel- oder Suspensionsschiene besitzt am Oberarmteil einen Flügel,
d. h. ein senkrecht stehendes ausgehöhltes Brett, das in
einer Rinne verschiebbar ist und beliebig für beide Arme
eingestellt werden kann; ausserdem ist am unteren Ende der
Schiene ein Ring angeschraubt, mittelst dessen man die
Schiene mitsamt dem anbandagierten Arm an einem über
dem Bett angebrachten Galgen aufhängen kann. (Tafel 99 a.)

Für die untere Extremität stehen zur Zeit noch
folgende Holzschienen in Gebrauch: Die Dupuytren-
sche Schiene dient zur Fixation des Fusses in Adduk-
tionsstellung beim Knöchelbruch; eine flache, vom Knie
bis zu den ausgestreckten Zehen reichende Schiene wird
auf der Innenfläche des Unterschenkels auf ein dickes

Tafel 100.

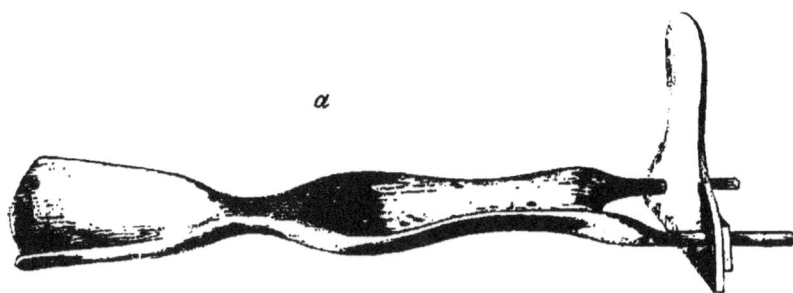

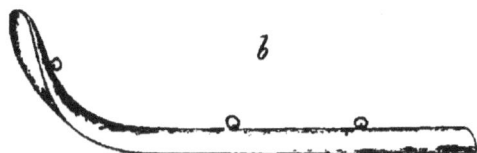

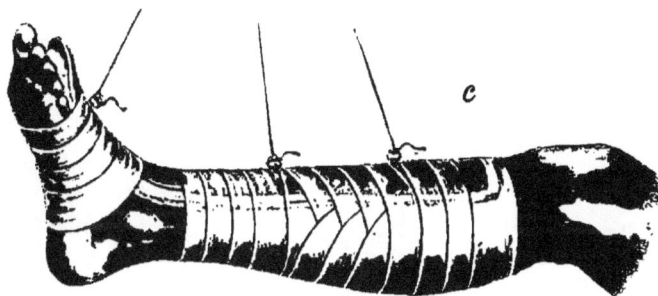

a) Watson'sche Schiene.
b) & c) v. Volkmann's Dorsalschiene für den Unterschenkel.
d) König's Abduktionsschiene für das Hüftgelenk.

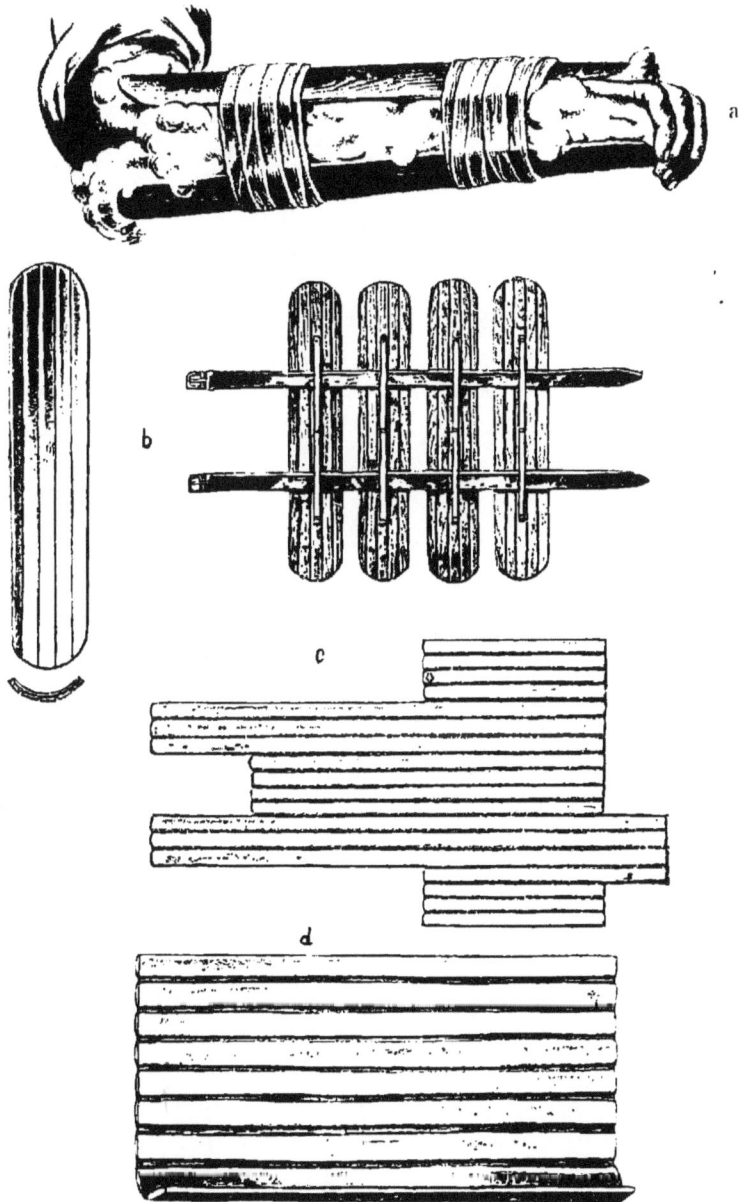

a) Middeldopf's Presschienenverband. b) Gooch'sche Spaltschienen.
c) Schnyder's Tuchschienen. d) v. Esmarch's schneidbarer Schienenstoff.

67

Kissen gelegt; das Kissen reicht nach oben bis zum
oberen Ende des Schienbeins, nach unten bis zum inneren
Knöchel. Es wird nun zunächst der Unterschenkel über
dem Kissen an die Schiene anbandagiert, dann wird der
Fuss durch mehrere Achtertouren in starker Adduktions-
stellung gegen die Schiene hin befestigt. (Tafel 99 b & c.)
  Die v. Volkmann'sche Knieschiene ist eine
kurze, ausgehöhlte Schiene, die bei Einwicklung des Kniegelenkes in die Kniekehle gelegt wird, um einen Druck
der Bindentouren auf die Gefässe und Nerven der Kniekehle zu verhindern. (Tafel 99 d.)
  Die Watson'sche Schiene, die zur Fixation
des resecierten Kniegelenkes angegeben wurde, hat an
ihrem unteren Ende die Form eines Stiefelknechtes; über
die beiden Gabeln wird ein Fussbrett gestellt. Der Teil
der Schiene, der unter das Kniegelenk zu liegen kommt,
ist abgerundet. (Tafel 100 a.)
  Die v. Volkmann'sche Dorsalschiene für
den Unterschenkel ist eine flache Hohlrinne, die an
ihrem unteren Ende stumpfwinklig abgebogen ist. Die
Schiene wird auf den Fussrücken und die Vorderfläche
des Unterschenkels aufgelegt; sie trägt an ihrer oberen
Fläche mehrere Ringe, mittelst deren man den Unterschenkel bequem suspendieren kann. (Tafel 100 b.)
  Die König'sche Abduktionsschiene für das Hüftgelenk
ist eine entsprechend dem Hüftgelenk stumpfwinklig abgebogene, leicht ausgehöhlte Holzschiene mit einem kleineren
aufsteigenden Teile für die Brust und einem grösseren absteigenden Teile für den Ober- und Unterschenkel. (Tafel 100 d.)
  Die bisher genannten Holzschienen bestehen aus
starrem Material. Es gibt nun auch eine ganze Reihe
formbarer, biegsamer Holzschienen.
  Die besten derselben, die eine weitere Verbreitung
verdienen, sind die Middeldorpf'schen Ahornfourniere. Es sind das breite, aus Ahornholz ganz dünn
ausgeschnittene Schienen, die, in warmem Wasser ange-
feuchtet, sich den Körperformen leicht anschmiegen. Sehr
gut eignen sich diese Ahornfourniere zum Verband des
gebrochenen Vorderarms. Je ein Fournierblatt, etwas

5*

breiter als der betreffende Vorderarm. wird in heisses
Wasser getaucht. wohlgepolstert auf die Volar- und Dorsalseite des Vorderarmes aufgelegt und mittelst Heftpflasterstreifen an diesem befestigt. Sie lassen die Frakturstelle dem Auge frei zugänglich und können leicht
loser und fester angezogen werden. (Tafel 101 a.)

Weniger Eingang in die Praxis haben die Gooch'-
schen Spaltschienen, die Schnyder'schen Tuchschienen und der v. Esmarch'sche schneidbare Schienenstoff gefunden.

Die Gooch'schen Spaltschienen bestehen aus
dünnen Fichtenbrettern, welche durch seichte, nicht ganz
durchdringende Einschnitte in 1 cm breite, parallele
Streifen geschnitten und auf Leder oder Leinwand geklebt
werden. Sie lassen sich einem Arm oder Bein leicht anschmiegen und sind dabei doch völlig fest. (Tafel 101 b.)

Die Schnyder'schen Tuchschienen bestehen aus
Nussbaumfournieren, welche dicht neben einander zwischen
zwei Stücken Leinwand eingenäht sind. (Tafel 101 c.)

Der v. Esmarch'sche schneidbare Schienenstoff besteht aus zwei Lagen Leinwand, zwischen
denen Tapetenspanstreifen in Abständen von je 5 mm
neben einander gelegt und mit Wasserglas, Kleister oder
Leim fest verklebt sind. Der Schienenstoff lässt sich
leicht herstellen und bequem mit der Scheere schneiden.
(Tafel 101 d.)

Versieht man einfache Holzschienen an einem Ende
mit Blechhülsen, so kann man sich durch Zusammen-
stecken solcher Schienen beliebig lange Schienen z. B. für
eine Extremität herstellen (v. Esmarch).

Die Holzschienen lassen sich bequem durch eiserne
Bügel mit einander vereinigen. Die bekannteste der so
entstehenden Schienen ist die v. Volkmann'sche
Supinationsschiene An derselben ist der Handteil rechtwinklig zur übrigen Schiene angebracht, so dass
die Hand mit dem Vorderarm in Supinationsstellung zu
stehen kommt. (Tafel 102 a.)

Recht praktisch sind ferner die v. Esmarch'schen
Resektionsschienen für die Hand. (Tafel 102 b & c.)

Tafel 102.

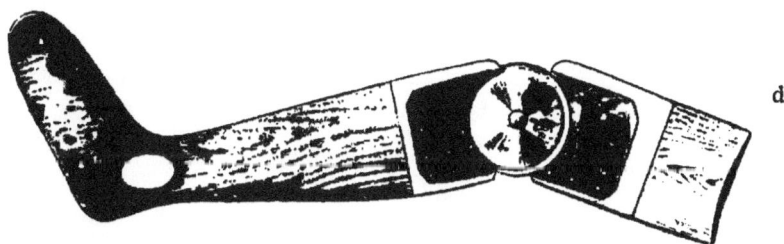

a) v. Volkmann's Supinationsschiene.
b & c) v. Esmarch's Resektionsmaschine für die Hand.
d) Sharp'sche Beinschiene.

Auch durch Charniere lassen sich die einzelnen Holz-
schienen mit einander verbinden. Als Beispiel diene die
S h a r p 'sche B e i n s c h i e n e , die an der Seite des
Beines angelegt, vom Becken bis zum Mittelfuss reicht,
am Knie das Charnier trägt und für den Knöchel einen
Ausschnitt hat. (Tafel 102 d.)

Pappschienen.

Die P a p p s c h i e n e n werden am besten aus der
gewöhnlichen grauen, überall käuflichen Buchbinderpappe
hergestellt. Man taucht die Pappe vor dem Gebrauch
in warmes Wasser; dann schmiegt sie sich den Körper-
contouren sehr gut an und behält nach 12—24 Stunden,
trocken geworden, ihre Form bei.

Zur Herstellung der Pappschienen schneidet man
sich mit dem Messer die gewünschte Breite und an-
nähernde Form her, schneidet aber die Pappe nicht ganz
durch, sondern reisst sie in dem vorgezeichneten Schnitt
ab. So erhält man einen dünnen, sich den Körper leicht
anschmiegenden Rand der Schiene. Schneidet man
dagegen die Pappe sofort ganz durch, so werden die
Ränder hart und scharf und erzeugen leicht Decubitus.

Pappschienen kann man an allen Körperteilen anlegen. Sehr gut eignet sich z. B. ein Pappverband zur
Fixation des in der Mitte gebrochenen Oberarms. Man
schneidet, resp. reisst sich einen breiten Pappstreifen
von doppelter Breite des Armes aus gewöhnlicher Pappe,
der von der Wurzel des Halses über die Schulter hinweg bis zur Hand reicht. Am oberen Ende dieses
Streifens macht man in gleichen Abständen vier Längs-
einschnitte, dem Ellbogen entsprechend aber einen runden
Ausschnitt für den Epicondylus externus. Nun taucht man
den Streifen in heisses Wasser, legt ihn an der Aussenseite
des rechtwinklig gebeugten Armes an, biegt die oberen
Längsstreifen kappenförmig um die Schulter herum und
wickelt nun die Pappe mit einer Binde, von dem Handgelenk an, am ganzen Arm an. Spicatouren um die
Schulter geben der Schiene oben deren richtigen Halt.

Schliesslich wickelt man dann noch den ganzen Arm an den Thorax an.

Eine grosse Rolle spielte in früheren Jahren der auch heutzutage noch praktisch wohl verwertbare Pappwatteverband Linharts. Aus gewöhnlicher Pappe schneidet man sich für die verschiedenen Körperteile passende Modelle, welche gut mit Watte gepolstert und dann an dem betreffenden Gliede angewickelt werden. Wir bilden die betreffenden Modelle für die Frakturen des Oberarms und des unteren Radiusendes ab. Die Flügelfortsätze 'an dem letzteren Modell werden so aufgebogen, dass ein Teil an die Volar- und ein Teil an die Dorsalseite der Hand zu liegen kommt. (Tafel 103.)

Recht zweckmässig ist die Modifikation des Pappverbandes für den Bruch des Oberarms, wie ihn Urban angegeben hat und beschreibt. Der Verband ist ein Pappschienenverband mit verstärkenden Schusterlatten. Sämtliche Pappstücke werden vor der Anlegung in warmem Wasser gut aufgeweicht. Der Verband wird in folgender Weise ausgeführt: Man bindet ein Stück dicke Pappe (Tafel 104a), welches von der Achselhöhle bis annähernd zur Darmbeingrube reicht, nachdem man es gut gepolstert hat, fest an dem seitlichen Teile des Rumpfes an. Die Breite entspricht mindestens der Entfernung der vorderen von der hinteren Axillarlinie. Diese Tafel soll als Stütze dienen für den Arm, der später, wenn er für sich geschient ist, noch an den Thorax befestigt wird, so dass dieser in letzter Linie als Schiene betrachtet werden kann. Die Schienung des Oberarmes selbst vollzieht sich in folgender Weise: Man braucht vier Pappschienen, eine für die Innenfläche, eine für die Aussenfläche, eine für die Vorderfläche und eine für die Hinterfläche. Die für die Aussenfläche berechnete reicht vom seitlichen Drittel des Schlüsselbeines bis zur Hand; es ist eine rechtwinklige Schiene. (Tafel 104 b). Der rechte Winkel entspricht dem Ellbogengelenk. Diese Schiene hat neben der Fixierung der Bruchenden den Zweck, das Ellbogengelenk im rechten Winkel und den Vorderarm ruhig zu stellen. Die vorderen,

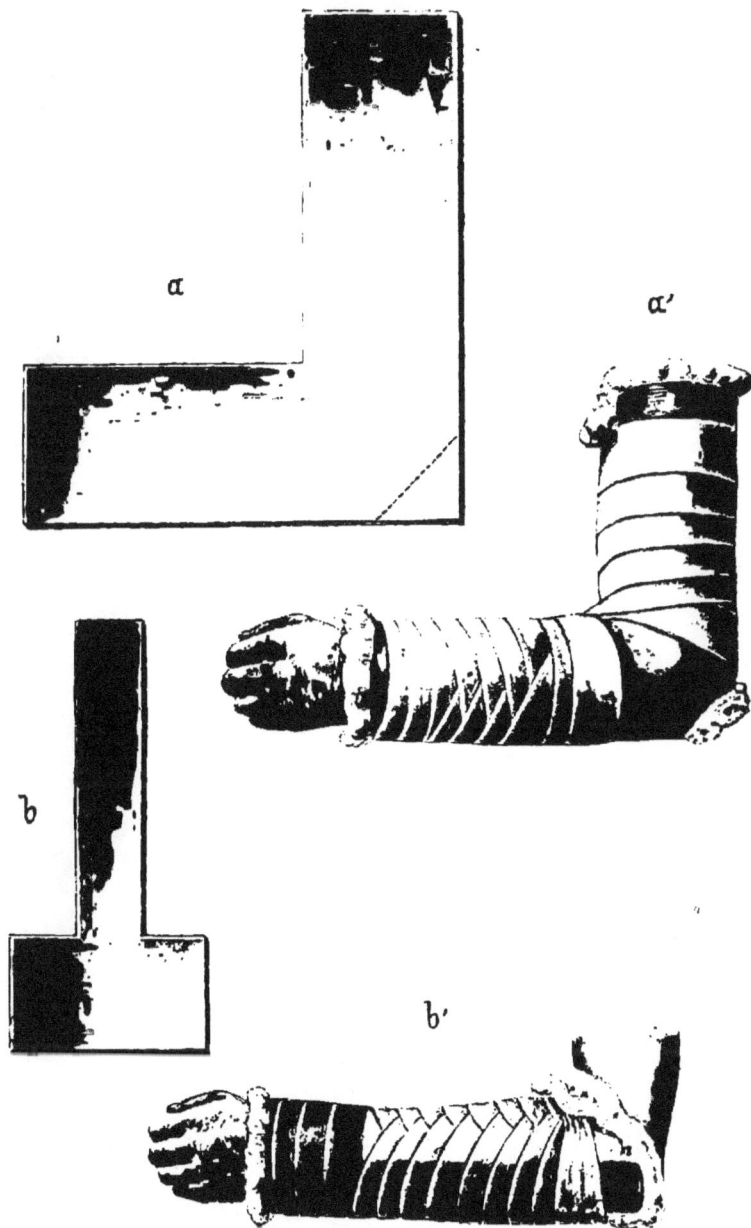

Pappwatte-Verband Linhart's.

a) Verband für den gebrochenen Oberarm.
b) „   „   „   „   „   Vorderarm.

Tafel 104.

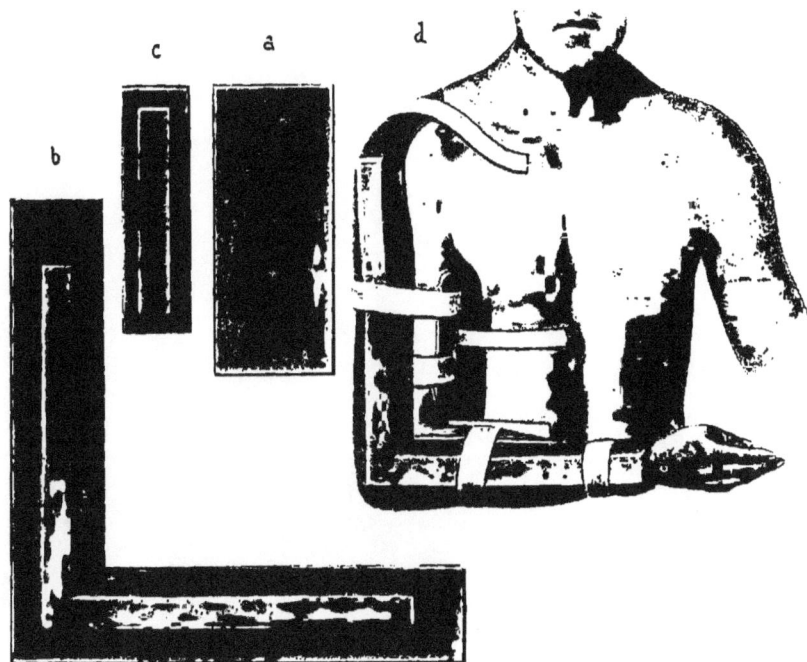

Pappverband für den gebrochenen Oberarm nach Urban.

TABLE 18

Tafel 105.

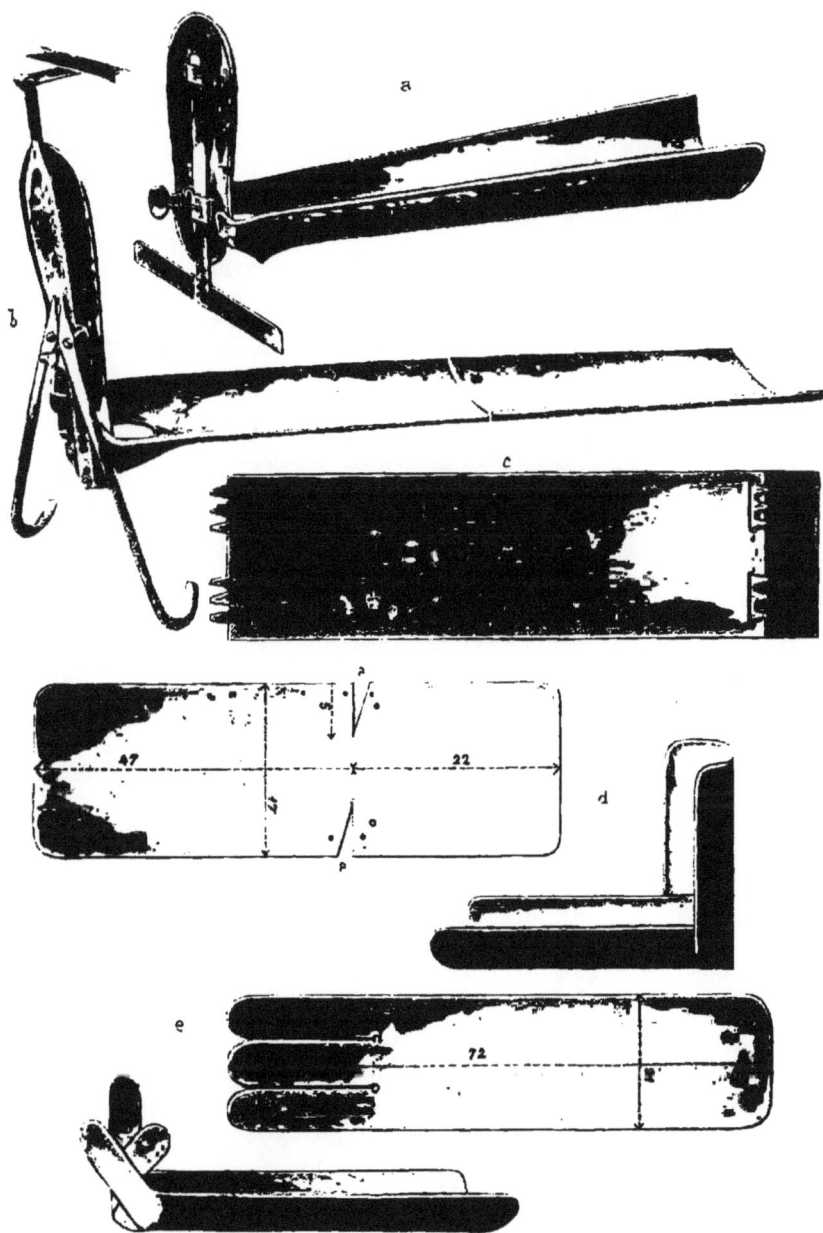

a) v. Volkmann'sche T- Schiene. b) Bruns'sche Schienenfläche.
c) Salomon'sche Schiene. d) Schön'sche Schiene für den Arm.
e) Schön'sche Schiene für den Unterschenkel.

inneren und hinteren Pappschienen entsprechen der
Länge der Vorder-, Innen- und Hinterfläche des Oberarmes (Tafel 104 c). Auf diese Pappschienen kommen
je nach ihrer Dicke vier bis acht verstärkende Schusterlatten. Die Pappschienen sind selbstverständlich sorgfältig gepolstert. Die Bruchstücke werden durch Extension und Gegenextension in ihrer normalen Lage erhalten und nun der ganze Schienenapparat von der Hand
bis über das Schultergelenk hinauf durch eine sorgfältige
Bindeneinwickelung befestigt. Man hat besonders darauf
zu achten, dass sich die Pappschienen überall genau
anschmiegen, damit man eine Art Kapselverband erhält.
In dieser Verfassung (Tafel 104 d) wird der Arm an den
Thorax angelegt und durch Bindengänge nach Art der
zweiten und dritten Tour der Bindengänge des Desault'schen Verbandes an den Brustkorb befestigt (Tafel 104 e). Bei der Anlegung der Pappschienen ist im besonderen darauf zu achten, dass sie weder in der Ell-
bogenbeuge noch in der Achselhöhle einen Druck ausüben; man mache sie an diesen Stellen lieber 1 cm zu
kurz, weil ihr Druck auf die Nerven und Gefässe einen
so unheilvollen Einfluss ausüben kann, dass sich die
Entfernung und Erneuerung des Verbandes nötig macht.
Ist der Verband sorgfältig angelegt, so kann er ohne
weiteres vier Wochen liegen bleiben, andernfalls wird er
nach 14 Tagen gewechselt und erneuert. (Tafel 104.)

Blechschienen.

Blechschienen kommen teils als im voraus geformte, teils als biegsame, formbare Schienen in Verwendung.

Die geformten Schienen aus verzinntem Eisenblech
oder Zinkplatte haben meist die Form von Rinnen oder
Kapseln für die obere und untere Extremität.

Die weiteste Verbreitung hat wohl die v. Volkmann'sche **T** Schiene gefunden, die zur ruhigen
Lagerung des Unterschenkels dient. Sie besteht aus

der Rinne für den Unterschenkel, dem Fussbrett und dem
T -Eisen. Entsprechend der Ferse ist in der Rinne
eine Oeffnung angebracht. Das T -Eisen verhütet das
Umfallen des Fusses nach der einen oder anderen Seite.
Beim Anlegen der Schiene muss man darauf achten, dass
der Fuss genau rechtwinklig steht, dass er dem Fussbrett
durchaus anliegt und dass er fest an dieses anbandagirt
wird. Die Ferse muss vor jedem Druck bewahrt sein,
da sonst leicht Decubitus an derselben entsteht. (Taf.105a.)

Eine sehr zweckmässige Modifikation der v. Volkmann'schen Schiene ist neuerdings von P. Bruns angegeben worden. Die Bruns'sche Schiene ist eine
flache, rinnenförmige Schiene aus verzinntem Eisenblech,
welches dem Rosten widersteht. Die Rinne ist aus zwei
Hälften zusammengesetzt, welche sich übereinander-
schieben lassen, um sie beliebig vergrössern resp. ver-
kleinern zu können. Damit kein Druck der Ferse entstehen kann, ist an der Schiene über den Zehen ein
einfacher Querbalken angebracht, an welchem sich der
Fuss mittels einer Heftpflasterschlinge leicht suspendiren
lässt. Anstatt des v. Volkmann'schen T sind an der
Schiene zwei zusammenklappbare, unten halbkreisförmig
abgebogene Arme aus Rundeisen angebracht, welche
auf der Unterlage keine so starke Reibung verursachen.
(Tafel 105b.)

Formbare Blechschienen stellt man meist aus
Weissblech her. Am bekanntesten sind die formbaren
Schienen von Salomon und Schoen.

Die Salomon'schen Schienen sind platte Schienen
aus dünnem Weissblech, welche je 35 cm lang und 10
cm breit, an einem Ende mit zwei dreigeteilten Fort-
sätzen und an dem andern mit zwei Spalten versehen
sind, durch welche jene Fortsätze gesteckt und durch
Umbiegen festgemacht werden können, so dass sich auf
diese Weise leicht und schnell Schienen von beliebiger
Länge herstellen lassen. (Tafel 105.)

Schoen schneidet aus dünnem Zinkblech mit der
Scheere Schienen, die beliebig formbar sind. Mehrere
solche Schienen können in beliebigem Winkel zu einander

gebogen, durch Zinkbrücken in Verbindung erhalten,
durch Scharniergelenke untereinander beweglich verbunden werden. Die Zinkplatten können, um die Ausdünstung der Hand besser zu erlauben, mit Löchern versehen werden. Wir bilden ein Schoen'sches Modell
zum Ausschneiden einer Armrinne und einer Unter-
schenkelrinne ab. Die Armrinne wird so geformt, dass
man sie in der Längsachse zur Halbrinne biegt und in
der Querachse an den eingekerbten Stellen senkrecht
aufstellt. Durch die an den Kerben befindlichen Löcher
werden Bindfaden gezogen, durch deren Zusammenknüpfen
die gewünschte Winkelstellung erzielt wird. (Taf. 105 d.)
Nach Ausschneiden des Unterschenkelmodelles wird
wieder aus dem Längsteil eine Rinne gebildet, während
der unten zweifach eingeschnittene Teil senkrecht auf-
gestellt wird zur Bildung eines Fussbrettes. (Taf. 105c.)
Besondere Modelle für die Anfertigung von Zink-
schienen hat Raoult-Deslongchamps angegeben. Wir
bilden das Modell der Schiene für den Bruch des
Unterschenkels ab und zeigen, wie die nach dem Modell
ausgeschnittene Schiene den Unterschenkel gut fixiert.
(Tafel 106a.) Sehr elegant, brauchbar, aber auch sehr
teuer sind die aus vernickeltem Kupferblech hergestellten
Schienen von Lee und Wilson. Die Figuren ((Taf. 106
b & c) zeigen die Schienen für die Hand und den
Vorderarm.
Ausserordentlich praktisch sind die englischen
Eisenblechschienen für die Extremitäten. Dieselben
stellen verschieden lange, etwa 2 Finger breite Schienen dar,
die mit Watte gepolstert und dann mit Leinwand überzogen werden. Sie lassen sich leicht biegen, besitzen
aber doch eine ziemlich grosse Festigkeit. Ich benutze
sie fast täglich, ebenso werden sie von Helferich sehr
empfohlen. (Fabrikant: Instrumentenmacher Stöpler in
Greifswald.) Dr. Koch in Neuffen hat sie in letzter
Zeit elastisch aus Nickelblech herzustellen gelehrt.
Auch hat er mehrere Schienen durch Scharniere verbunden, so dass man dadurch eine Biegung der Schienen
über die Kante erzielen kann. (Tafel 106 d & e.)

Durch Verbindung mehrerer Blechstreifen unter
einander erhält man die namentlich im Kriege sehr ver-
wendbaren Port'schen Blechstreifenschienen, die
in grosser Anzahl leicht transportiert werden können.
Für alle Extremitätenfracturen reichen drei dieser Schienen
aus, eine für die obere Extremität und je eine für den
Ober- und Unterschenkel. Die Abbildungen zeigen die
Schienen abgeflacht, wie sie transportiert werden, und
zurecht gebogen, wie sie in Verwendung kommen.
(Tafel 106 f et g.)

Aluminiumschienen.

Die in der letzten Zeit von Steudel empfohlenen
Aluminiumschienen eignen sich in erster Linie zu
unterbrochenen Verbänden bei complicierten Knochen-
brüchen, besonders wenn dabei grössere äussere Wunden
vorhanden sind, oder die Wunden bereits verunreinigt
sind, und zur Nachbehandlung von Operationen an Gelenken. Auch zur Verstärkung erstarrender Verbände und
zu Improvisationen verschiedener Art sind sie mit Vorteil zu verwenden. (Tafel 107.)

Vermittelst einer Universalzange können die Aluminiumschienen mit Leichtigkeit zu dem gewünschten
Zweck vorbereitet werden. Es gehört zur Handhabung
dieser Zange wenig mechanisches Geschick, wohl aber
etwas rasch zu erlernende Uebung. Mit den unterhalb
des Drehpunktes der Zange angebrachten messerförmigen
Schneiden werden die Schienen in beliebiger Länge
abgeschnitten. Bei den schmäleren gelingt dies ohne
Weiteres, bei den breiteren genügt es, in derselben Weise
eine Einkerbung zu machen, und bricht man alsdann,
durch einige kurze Biegungen, die Schiene an dieser
Stelle ab.

In der eigentlichen Zange sind kleine Haken angebracht, diese pressen sich in die flach eingelegten
Schienen der Art ein, dass 4 Zähnepaare am Rande
der Schienen sich aufstellen. Die oberen Zacken sind
für die breiteren, die unteren für die schmalen Schienen.
Die Zähne greifen in die umgelegten Binden so fest
ein, dass ein Verschieben und Loswerden der Schienen

Tafel 106.

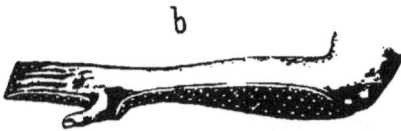

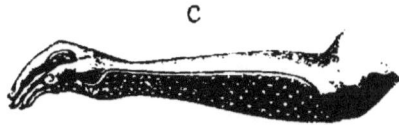

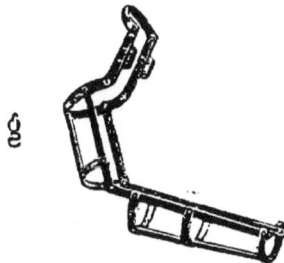

a) Raoult - Deslongchamps'sche Schiene.   b & c) Kupferblech-
schienen nach Lee und Wilson.   d & e) Englische Eisenblechschienen nach Koch. f & g) Port'sche Blechstreifenschienen.

Tafel 107.

Steudel's Aluminiumschienen.

Taf. 108.

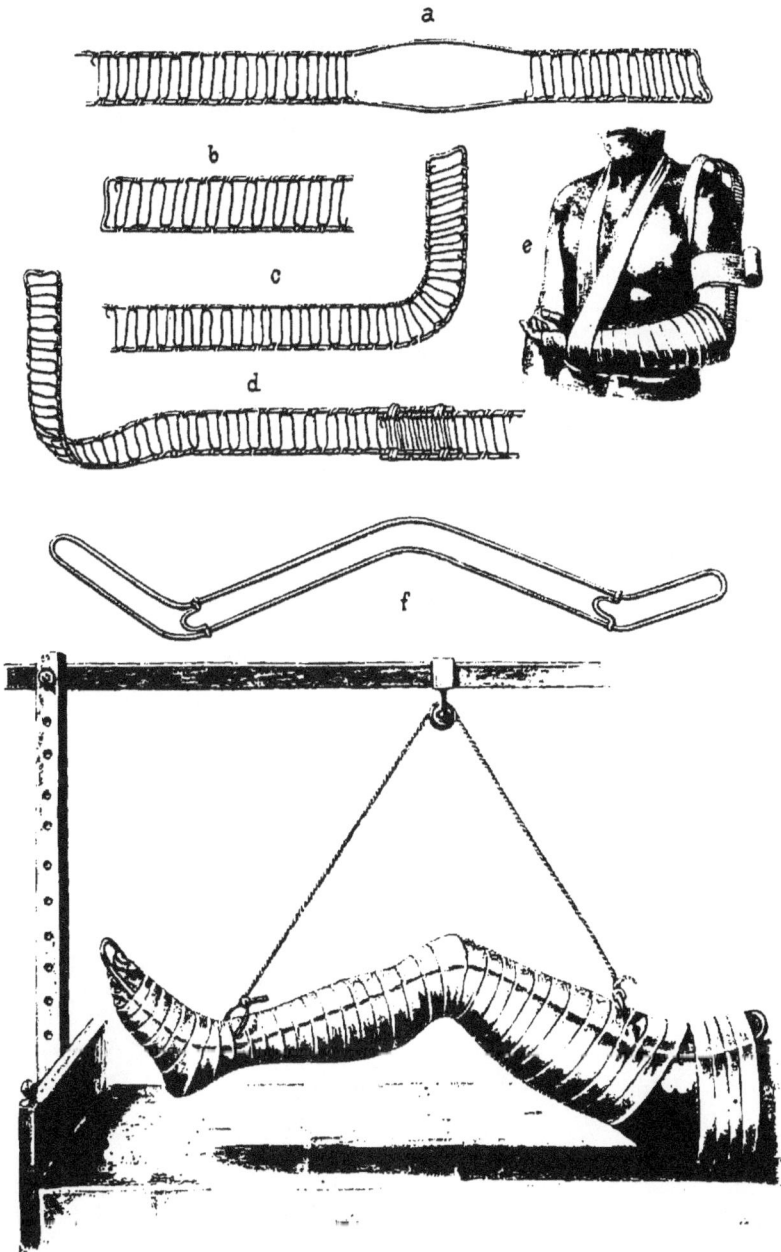

a, b, c, d) Cramer'sche Schienen.   e) Anwendung der Cramer'schen Sch
   beim Oberarmbruch nach Helferich.   f) Smith's vordere Drahtschiene.

verhindert wird, sie machen es möglich, mit den so vor-
bereiteten Aluminiumschienen ohne Gyps mit einfachen
steifen Gazebinden unterbrochene Verbände anzulegen;
solche Verbände haben den Vorzug grosser Leichtigkeit.
Die an der Zange angebrachten schlitzförmigen Oeffnungen dienen dazu, die Schienen zu biegen und zwar
die horizontal stehende Oeffnung zum Biegen über die
Fläche, die senkrecht stehenden Oeffnungen zum Biegen
der Schienen über die hohe Kante. Letztere Biegung,
welche wichtig ist, um die Schienen an rechtwinklig ge-
stellten Gliedmassen, z. B. dem Ellbogen nicht nur an
der Beuge- und Streckseite, sondern auch an der Aussen-
und Innenseite anlegen zu können, gelingt bei einiger
Uebung an den schmalen Schienen leicht bis zu einem
rechten, ja spitzen Winkel, bei den breiten ist etwas mehr
Kraft und Geschicklichkeit dazu notwendig. Es ist bei
diesen zweckmässig, die Biegung auf mehrere Stellen
einer kurzen Strecke zu verteilen, so dass nicht eine
scharf rechtwinkelige, sondern eine viertelkreisförmige
Biegung resultiert. Endlich können mit der in 2 Hälften
auseinander genommenen Zange die Schienen spiralförmig
gebogen werden; eine Biegung welche dann notwendig
wird, wenn die Schienen nicht genau in der Längsaxe
eines Gliedes, sondern zu dieser etwas schräg verlaufend
angelegt werden sollen. Sollten bei den Biegungen
Ausbiegungen nach der Seite zu stande kommen, wie
solche bei den mit der Zange nicht Geübten zuweilen
entstehen, so lassen sich diese leicht mit der als Hammer
benutzten Zange wieder gerade klopfen.

Es ist zweckmässig, mehr als 2 Schienen an einem
Gliede zu verwenden, da bei 3 oder 4 Schienen der
Verbiegung nach irgend einer Richtung stets mindestens
eine Schiene mit ihrem starken Breitendurchmesser wider-
strebt. Es wird dadurch trotz der Biegsamkeit der Aluminiumschienen eine grosse Festigkeit erreicht und die
Uebersichtlichkeit über den in den Fenstern frei-
liegenden Körperteil bei der Schmalheit der Schienen
in keiner Weise gestört. Bügel anzubringen ist bei
Aluminiumschienen überflüssig, da Aluminium ein un-

giftiges und leicht aseptisch zu machendes Material ist und
desshalb ohne Bedenken in den Wundverband mit eingeschlossen werden kann.

Die Aluminiumschienen und die dazu gehörige Universalzange werden von der „Deutschen Metallpatronen-
fabrik in Karlsruhe-Baden" hergestellt.

Unbrauchbar gewordene Schienen und Abfall werden
von der Fabrik zurückgenommen und dafür dem Alu-
miniumwerte entsprechend neue Schienen geliefert. Der
Wert des alten Aluminiums entspricht etwa $1/3$ des Preises
für neue Schienen.

Drahtschienen.

Wir haben schon früher die Mayor Bonnet-
Roser'schen Drahtschienen kennen gelernt. Den
Vorteil der Leichtigkeit und Reinlichkeit, der diesen
Lagerungsapparaten zukommt, zeigen auch alle anderen
Drahtschienen. Die unzweifelhaft besten Schienen dieser
Art, die sich einer weiten Verbreitung erfreuen, sind
die Cramer'schen Drahtschienen.

Diese Cramer'schen Drahtschienen stellen flache,
aus verzinntem Eisendraht hergestellte Hohlrinnen dar.
Zwischen zwei festeren, längsverlaufenden Drähten sind
jeweils dünnere, parallellaufende feinere Drähte wie
Leitersprossen ausgespannt. Die Schienen lassen sich
leicht über die Fläche und Kante biegen und daher bequem allen Körperteilen anpassen. Sie lassen sich ferner
leicht verlängern, indem man einfach zwei Stücke dadurch verbindet, dass man einige Querdrähte ausschneidet
und diese zum Zusammenbinden benutzt. Indem man
ferner mehrere Querstäbe ausschneidet, lassen sich leicht
gefensterte Schienen jeglicher Art darstellen. (Tafel
108 a. b. c. d.)

Als Beispiel der grossen Verwendbarkeit der Schienen
wollen wir den Helferich'schen Verband für die Ober-
armfractur beschreiben. Helferich erreicht eine perma-
nente Extension in der Längsrichtung des Oberarms dadurch, dass er die Drahtschiene dem rechtwinklig gebeugten
Arm entsprechend biegt und sie dann am Arm fixiert.

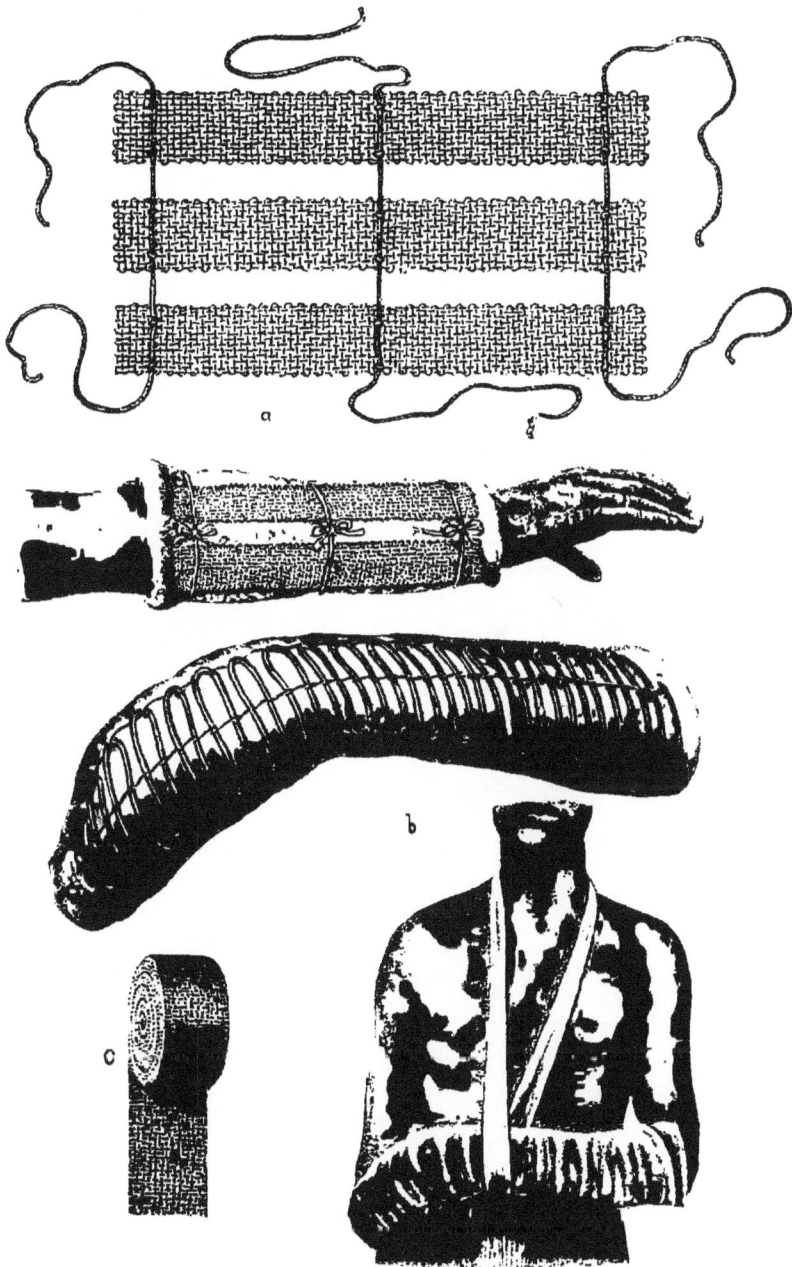

a) v. Esmarch's Drahtsiebstoff. c) Port's Drahtrollbinden.
b) Heusner's Spiraldrahtschiene.

Das obere Ende der Schiene ist so gebogen, dass es der Schulter nicht dicht anliegt. Wird nun ein durch Watteinlage gut präparierter Bindenzügel in die Achselhöhle gelegt, und an dem vorragenden Schienenende unter mässigem Zug befestigt, so ist ein permanenter Zug geschaffen, der durch erneutes Knüpfen der Achselbinde leicht reguliert werden kann. (Tafel 108e.)

Von den sonstigen Drahtschienen hat sich die Smith'sche vordere Drahtschiene in den letzten Kriegen vielfach bewährt. Sie wird aus Telegraphendraht hergestellt, entsprechend dem Fuss-, Knie- und Hüftgelenk gebogen und angewickelt. (Tafel 108 f.)

Mittelst zweier Drähte, die man an den Halbringen anbringt, lässt sich auch leicht eine Suspension der Extremität ausüben.

Recht brauchbar sind ferner die Schienen aus Drahtsiebstoff (v. Esmarch). Mehrere Stücke des Drahtgewebes werden, durch Schnüre mit einander verbunden, an die Extremität angewickelt. (Tafel 109a.)

Port hat gelehrt, diesen Drahtsiebstoff in schmale Streifen zu zerschneiden und die einzelnen Streifen wie Binden aufzurollen. So entstehen die Port'schen Drahtrollbinden, die dann am besten halten, wenn sie spiralig um das Glied herumgewickelt werden, während man zwischen die einzelnen Touren noch etwas Gypsbrei einstreicht. (Tafel 109 c.)

Für eine Reihe von Verletzungen und Gelenkerkrankungen hat in neuester Zeit Heusner Spiraldrahtschienen empfohlen. Starker englischer Draht verläuft bei diesen Schienen in stumpfen Zickzackwindungen. Der Draht wird auf einer Filzplatte angenäht. Die Schienen lassen sich in jeder beliebigen Form über die Fläche und Kante biegen und streben gebogen kräftig in die alte Form zurück. Sie verbinden also Stützkraft mit Federkraft. Wir bilden die für die Radiusfraktur angegebene Schiene für sich und angelegt ab. (Tafel 109b.)

Plastische Schienen.

Als Material zur Herstellung plastischer Schienen dienen: die Pappe, der Filz und die Guttapercha.

Plastische Pappschienen erhält man nach P.
Bruns, wenn man gewöhnliche Pappe mit einer starken
Schellacklösung durchtränkt. Die so hergestellte Pappe
erweicht beim Erwärmen, wird dann am Körper geformt
und behält nach dem Erkalten die neue Form bei. Diese
plastischen Pappschienen werden in neuester Zeit als
besondere Spezialität von Dr. Koch in Neuffen (Würt-
temberg) ausgeführt. Koch hat die meisten der gebräuchlichen Schienen aus plastischer Pappe herzustellen
gelehrt. Er hat die Schienen ausserdem wenn nötig auch
noch durch Aufnieten von Blechstreifen haltbar gemacht
und hat schliesslich durch Anbringen von Scharnier- und
Kugelgelenken sogenannte Universalschienen construiert.
Die Figuren zeigen die Mannigfaltigkeit, mit der sich
diese Schienen verwenden lassen. (Tafel 110.) Wir
bilden ab: die Schienen für den gebrochenen Vorderarm von Cooper und Schede, die Lagerungsvorrich-
tung für den Vorderarm und den Ersatz der v. Volkmann'schen Blechschiene. Die Koch'schen Schienen
haben den Vorteil, dass sie bequem anzulegen und dass
sie sehr leicht und gut zu reinigen und zu sterilisieren
und dabei sehr billig sind.

Filzschienen.

Zur Herstellung von Filzschienen benützt man nach
Angabe von Bruns gewöhnlichen Sohlen- oder Einlage-
filz von 6—8 mm Dicke, den man mit einer concen-
trierten alkoholischen Schellacklösung (660.0):1 Liter) in
der Weise tränkt, dass man auf beiden Seiten der Platte
portionsweise von der Lösung aufgiesst und dieselbe mit
einem groben Pinsel verstreicht, bis sich die Poren des
Filzes gleichmässig vollgesaugt haben. Kleinere Filzstücke taucht man einfach in die Lösung ein. Soll der
Filz eine aussergewöhnliche Stärke haben, so wird er,
nachdem sich ein Teil des Alkohols verflüchtigt hat,
noch einmal getränkt.

Der auf diese Weise plastisch gemachte Filz trocknet
bei höherer Temperatur innerhalb einiger Stunden. Ehe
die Platte völlig erstarrt ist, glättet man sie durch Ueber-

Tafel 110.

a.

b.

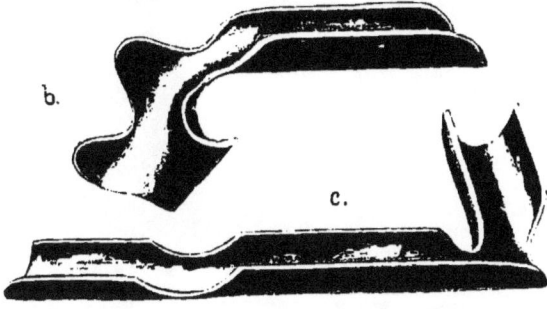

c.

d.

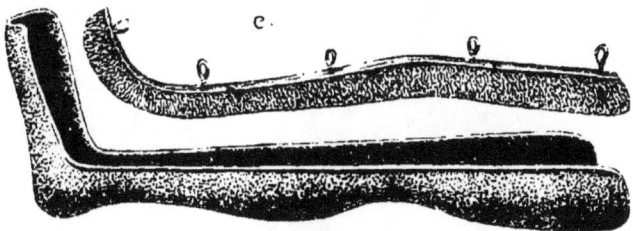

e.

f.

Tafel 111.

Gypsbindenverband.

fahren mit einem heissen Bügeleisen. Die Platte ist nach dem Erstarren bretthart. Erwärmt man sie aber auf 70° R., so wird sie weich und biegsam, lässt sich dann in jede beliebige Form bringen und behält diese Form auch nach dem Wiedererstarren bei. Das Erwärmen geschieht auf trockenem oder feuchtem Wege dadurch, dass man die Platte in einen warmen Ofen hält, mit einem heissen Eisen überstreicht oder in heisses Wasser taucht. Beim Gebrauch wird die erweichte Schiene auf die durch eine Unterlage gegen die Einwirkung der Hitze geschützte Haut gelegt, dem Gliede genau angepasst und durch eine Binde befestigt. Das Erstarren erfolgt innerhalb weniger Minuten; man muss sich daher mit dem Anlegen und Formen der Schiene beeilen.

Diese Filzschienen hatten den Nachteil, dass sie am Körper warm wurden und dann nachgaben. Anders hat neuerdings gezeigt, dass dies lediglich an der Art des verwendeten Filzes liegt. Er empfiehlt, einen Filz zu gebrauchen, der aus Hasenfellen mit Zusatz von Kaninchenhaar fabricirt wird, und diesem Filz durch starkes Walken ein recht starkes Gefüge zu verleihen. Die Plasticität erhält der Filz durch Tränkung mit einer syrupdicken Lösung von Gummi lacca in tabulis mit Spirit. vini rectificat. Diese Lösung wird erst mit etwas Spiritus verdünnt, dann reichlich auf die Innenfläche des Filzobjektes gegossen und mit der Hand verstrichen, bis sie auf der anderen Seite gleichmässig durchgedrungen ist.

Die in Vorrat gehaltene dicke Lacklösung muss vor dem Tränken des Filzes einmal erwärmt gewesen sein, dann wird der Filz nachher haltbarer.

Ist der Filz bis zum Ueberfliessen getränkt, so wird er auf das Gypsmodell gespannt, dem er sich gut anschmiegt, wenn man ihn mit Binden gleichmässig anwickelt. Das Trocknen muss bei gewöhnlicher Zimmertemperatur geschehen. Nach 48 Stunden lässt sich der geformte Filz in der Regel leicht vom Modell abnehmen und entsprechend herrichten. (Tafel 110 e.)

Guttaperchaschienen.

Die Guttapercha ist ein eingedickter Pflanzensaft, der bei gewöhnlicher Temperatur fest ist, in Wasser von 50–60 Grad Wärme jedoch weich und biegsam wird, so dass man ihm jede beliebige Form geben kann. Diese Form behält er dann nach dem Erkalten bei.

Zum Gebrauch beim Verbande schneidet man aus den Guttaperchatafeln ein ausreichend grosses Stück heraus, wobei man berücksichtigen muss, dass das Material in heissem Wasser in der Länge und Breite ab-, in der Dicke aber zunimmt. Man bringt dann das ausgeschnittene Stück in warmes Wasser, legt es aus diesem, sobald es genügend erweicht ist, unmittelbar auf die vorher mit Oel bestrichene Haut auf und passt es durch Drücken und Streichen überall genau den Körperformen an. Die so gewonnene Form erhält man bis zum Erhärten der Schiene, das nach kurzer Zeit erfolgt, dadurch, dass man die fertig angepresste Schiene mit einer feuchten Binde an das Glied anwickelt. Das Erweichen der Guttapercha erfordert eine gewisse Uebung. Erweicht man sie zu wenig, so formt sie sich nicht gut, erweicht man sie aber zu sehr, so klebt sie überall fest.

B) Erhärtende Verbände.

Die erhärtenden Verbände teilt man in rasch erhärtende und in langsam erhärtende Verbände ein.

1. Rasch erhärtende Verbände.

Der beste der rasch erhärtenden Verbände ist der 1852 von Mathysen erfundene

Gypsverband.

Gyps ist schwefelsaurer Kalk $Ca\,SO_4 + 2H_2O$. Der Gyps, wie wir ihn zur Verbandtechnik brauchen, wird in grossen Gypslagern gefunden und ist im Naturzustand nicht zu verwenden. Er muss erst, um für uns dienlich zu sein, gebrannt werden. Durch dieses Brennen verliert er sein Krystallwasser und bekommt die Eigenschaft, mit

Wasser zu einem Brei angerührt, sein Krystallwasser wieder aufzunehmen und zu erhärten. Der Gyps wird also dadurch hart, dass er sein beim Brennen verlorenes Krystallwasser wieder aufnimmt. Nimmt der Gyps dagegen Wasser aus der Luft auf, so wird er unbrauchbar, indem er nicht wieder erhärtet. Man muss den Verbandgyps daher an völlig trockenen Orten aufbewahren. Will man grössere Quantitäten Gyps vorrätig halten, so schafft man sich am besten grosse Thonkruken an, die mit einem für Wasser undurchlässigen Stoff, wie Billrothbattist oder Guttaperchapapier überzogen werden. Auch in gut verschliessbaren Blechkisten hält sich der Gyps ganz gut, wenn diese Kisten an trockenen Orten stehen. Einzelne Gypsbinden werden in der Regel in Blech- oder Papphülsen luftdicht verschlossen gehalten und verkauft.

Ist der Gyps durch Aufnahme von Wasser aus der Luft verdorben, so kann man ihn durch vorsichtiges Erhitzen, das man so lange fortsetzt, bis keine Wasserdämpfe mehr aufsteigen, wieder brauchbar machen. Durch zu starkes Erhitzen wird er, wie man sagt, „totgebrannt", d. h. unfähig, Wasser aufzunehmen und zu erhärten.

Man wählt zur Verbandtechnik stets nur feinsten Alabastergyps, der zu einem feinen weissen Mehl gemahlen ist und absolut keine grobkörnigen Beimengungen enthalten darf.

Guter Gyps wird schon nach wenigen Minuten hart. Man kann das Erhärten des Gypses aber dadurch noch beschleunigen, dass man zu einer Waschschüssel voll Wasser etwa eine Hand voll Alaun hinzusetzt.

Wir brauchen den Gyps zum Verband in verschiedener Form.

1. Gypsbindenverband.

Weitaus in der grössten Mehrzahl der Fälle bedient man sich heutzutage des Gypsbindenverbandes. (Taf. 111.) Die zum Gypsbindenverband notwendigen Gypsbinden müssen mit grosser Sorgfalt hergestellt werden, denn von ihrer Güte ist man völlig abhängig.

Als Material zu Gypsbinden braucht man neben dem Gyps entweder die gestärkten blauen Gazebinden oder gewöhnliche Gazebinden. In beiden Fällen muss die Gaze recht engmaschig sein, und das Gypspulver muss fest in die Maschen eingerieben werden.

Dieses Einreiben des Gypspulvers geschieht entweder mit der Hand oder mittelst eigener Gypsbindenmaschinen.

Am rationellsten ist das Einreiben des Gypspulvers mit der Hand. Man schüttet einen grösseren Haufen guten Gypses auf einen breiten Tisch, legt zur linken Seite dieses Gypshaufens den Anfang der mit dem Gyps zu imprägnierenden Binde hin und bringt nun mit der rechten Hand von dem Gypshaufen eine gute Handvoll des Gypses auf das Bindenende, zieht dieses etwas hervor, streicht nun mit der ulnaren Kante der rechten Hand den Gyps nach dem Bindenende hin und wickelt den so behandelten Teil der Binde, d. h. den Bindenanfang, wie eine gewöhnliche Binde, aber recht lose, auf. So fährt man mit dem Einstreichen des Gypses in die Binde fort und hat dann nach Aufwickelung des jeweils imprägnierten Teiles schliesslich eine Gypsbinde hergestellt, auf die man sich wirklich verlassen kann. Braucht man sie nicht sofort, so empfiehlt es sich, sie in Papier einzuwickeln und in einer verschliessbaren Blechschachtel aufzuheben.

Der Fehler, der bei der Herstellung der Gypsbinden meist begangen wird, ist der, dass man das Gypspulver in zu dicker Schicht auf die Binde einstreut, so dass die Binde nicht wirklich imprägniert wird, sondern der Gyps, beim spätern Einlegen der Binde in Wasser, einfach herausfällt.

Gestärkte, mit Gyps imprägnierte Binden erhärten nicht so schnell, als einfache Gaze-Gypsbinden. Man wählt daher überall da, wo man ein rasches Erhärten des Verbandes wünscht, lieber die einfachen Gazebinden.

Von den zahlreich angegebenen Gypsbindenmaschinen ist die einfachste und praktischste die von Beely.

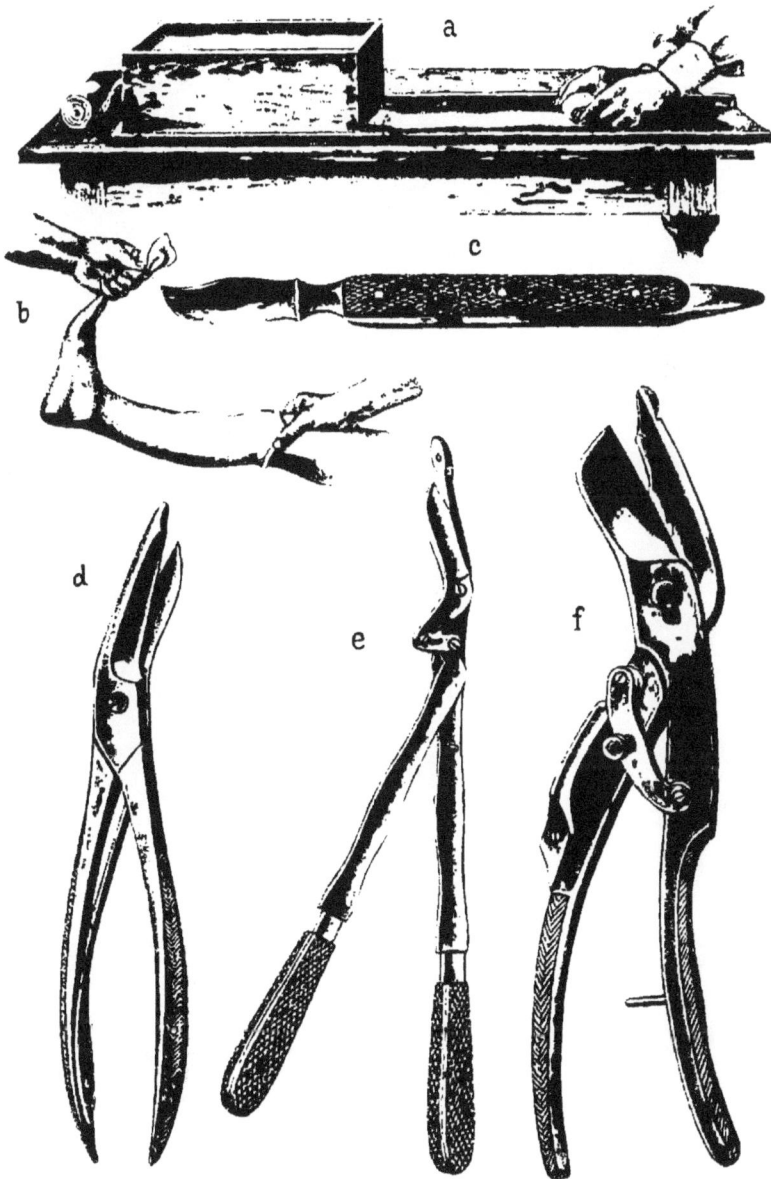

a) Gypsbindenwickelmaschine nach Beely. b) Tricotschlauchbinde als Unterpolsterungsmaterial und zugleich als Handhabe. c) v. Esmarch'sches Gypsmesser. d) Gypsscheere nach Seutin. e) Gypsscheere nach Sczymanowski. f) Gypsscheere nach Bruns.

Tafel 113.

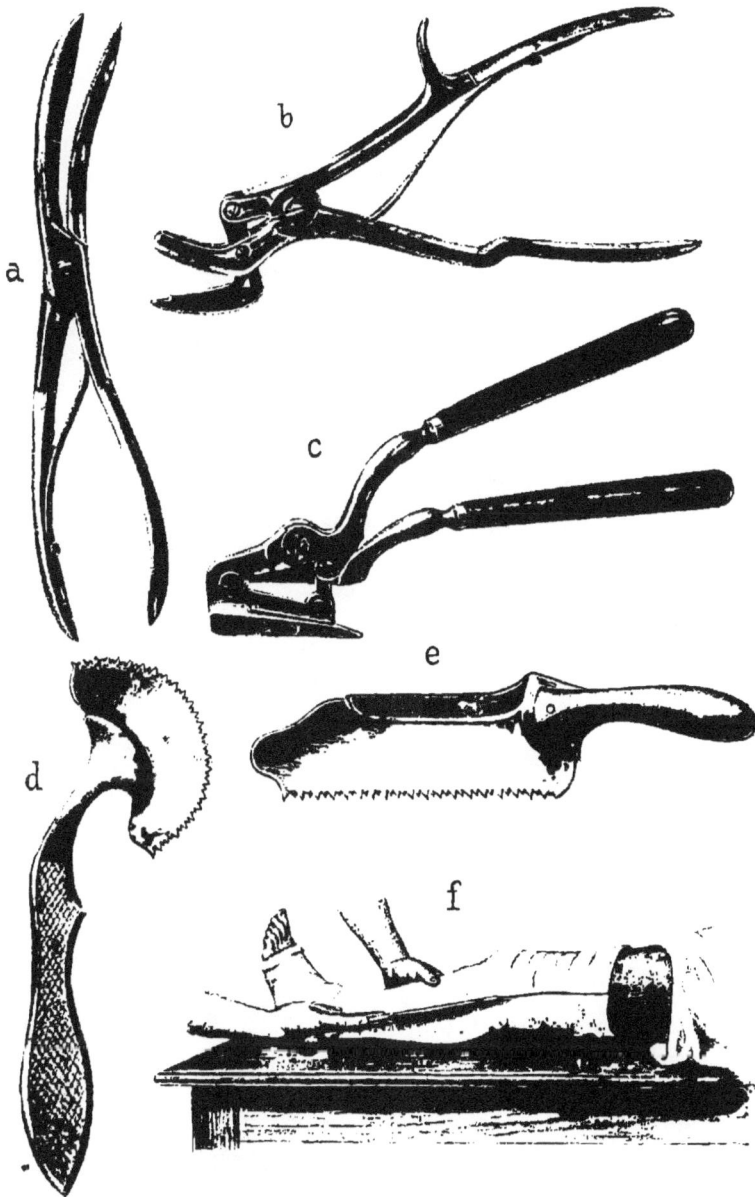

a) Zange zum Öffnen der Gypsverbände nach J. Wolff (Wolffs-maul). b) Gypsscheere nach Stille. c) Gypsscheere nach Empfenz-eder. d) Kreis-Gypsscheere. e) Blatt-Gypssäge. f) Aufsägen eines Gypsverbandes.

Der Gyps wird in einen viereckigen Kasten gethan, der
2 Spalten hat, eine breitere in der halben Höhe der
einen Querwand und eine schmälere am Grund der
entgegengesetzten Querwand. Die letztere Spalte lässt
sich durch eine Schiebevorrichtung zur Regulierung der
Gypsmenge beliebig grösser und kleiner machen. Der
Anfang der Binde wird durch die breitere Spalte in den
Kasten, durch den Gyps hindurch und durch die schmälere
Spalte aus dem Kasten herausgeführt. Der überflüssige
Gyps wird durch die Schiebevorrichtung abgestrichen
und die Binde nun recht lose aufgewickelt. (Tafel 112a.)

Zum Anlegen des Gypsverbandes braucht man ausser
den Gypsbinden noch ein Gefäss mit warmem Wasser
und event. noch ein Gefäss zur Herstellung eines Gypsbreies. Dieser Gypsbrei wird so gemacht, dass
man in das Gefäss eine Handvoll Gyps thut und auf diese
etwa die gleiche Menge warmen Wassers giesst und nun
Gyps und Wasser innig vermischt, wobei man mit den
Fingern sofort alle entstehenden Knollen sorgfältig verreibt,
so dass ein absolut gleichmässiger, gar keine Bröckel
mehr enthaltender Brei entsteht.

Die Technik des Gypsverbandes gestaltet sich
nun folgendermassen: Erstlich gibt man dem Gliede die
Stellung, die es nach dem Verbande haben soll. Man
wird aber den Gypsverband nur selten auf die blosse
Haut anlegen; will man dies thun, so muss man die
Haut gut einölen, damit der Gyps nicht mit den Här-
chen verklebt und der Patient nachher beim Abnehmen
des Verbandes Schmerzen hat.

In der Regel soll man den Gypsverband unter-
polstern. Diese Unterpolsterung macht man entweder durch vorherige sorgfältige Einwickelung des
Gliedes mit einer Flanellbinde oder durch Ueberziehen
eines Trikotschlauches oder durch Umwickeln von
Watte.

Der neuerdings vielfach gebrauchte Trikotschlauch-
überzug ist recht praktisch. Man hält sich für die
verschiedenen Körpergrössen verschieden breite Trikot-
schlauchbinden (Firma Römpler in Zeulenroda) vorrätig.

Diese Schlauchbinden werden wie Strümpfe über die Extremität herübergezogen, wobei jede Faltenbildung vermieden werden muss. Die Schläuche haben den Vorteil, dass man sie etwa handbreit über das Ende einer Extremität, die Hand oder den Fuss, frei hervorragen lassen kann, so dass man eine gute Handhabe erhält, um das Glied in der gewünschten Stellung zu halten. (Tafel 112b.)

Zur Polsterung mit Watte wickelt man sich rohe, gereinigte Baumwolle in Form von Binden auf und wickelt diese Wattebinden dann um das Glied herum. Diese rohe Watte eignet sich zur Polsterung besser, als die entfettete Watte, da diese den Schweiss aufsaugt und sich deshalb leichter zusammenballt.

Besonders hervorragende Knochenteile, wie die Spinae ilei ant. sup., die Knöchel, die Tibiakante, polstert man, zumal bei mageren Patienten noch besonders, indem man einen Kranz von Watte oder Filzstücke auf sie auflegt.

Auf die gepolsterte Extremität werden nun die Gypsbinden aufgewickelt. Zu dem Zweck taucht man die Gypsbinde zunächst in warmes Wasser, dem man, wie oben erwähnt, zum schnelleren Erhärten des Gypses in der Regel noch eine Handvoll Alaun zugesetzt hat. Das Eintauchen der Gypsbinden in das Wasser hat nicht so zu geschehen, dass man sie ohne weiteres ins Wasser hinein steckt. Man hat vielmehr folgendes zu beachten. Erstlich soll das Gefäss soviel Wasser enthalten, dass die Gypsbinden völlig untertauchen. Zweitens soll man vor dem Einlegen das Bindenende etwas abrollen und es auf den Rand des Gefässes legen; sonst verkleben Bindenende und Kopf häufig so, dass man nur mit Mühe das Bindenende findet. Die Gypsbinde bleibt nun so lange im Wasser, bis keine Luftblasen mehr aufsteigen; dann nimmt man sie vorsichtig heraus und drückt sie nun aus, aber nicht etwa in der Weise, dass man sie in die Hand nimmt und diese nun zur Faust ballt, sondern man legt die Binde zwischen beide Hohlhände und drückt die beiden Hände sanft und gleichmässig gegen einander. So entfernt man das überflüssige Wasser und etwa überflüssigen Gyps. Bevor man nun diese Binde umwickelt, legt man stets gleich noch eine neue Binde in derselben Weise in das Wasser ein, die sich dann während des Anlegens der ersten sicher mit Wasser vollsaugt. Je loser und besser die Gypsbinden gewickelt sind, umso leichter gestaltet sich die ganze Arbeit.

Beim Anwickeln der Gypsbinden verfährt man wie beim Anwickeln jeder anderen Binde. Man vermeidet dabei aber sorgfältig jedes Anziehen der Binde, lässt diese vielmehr nur so um das Glied herum abrollen, dass die Binde von einer Hand in die andere gewissermassen fällt. Hat man mehrere Touren abgewickelt, so streicht und glättet man mit der einen Hand kreisförmig über sie herüber, damit sie sich dem Körperteil gut anschmiegen und gut an die vorhergehende Tour anlegen. Umschläge mit der Binde braucht man nicht zu machen. Die beim Wickeln abstehenden Teile der Binde streicht man vielmehr einfach mit der Hand fest. Wo es, wie beim Gehverband, darauf ankommt, den Gypsverband den Körperkontouren auf das innigste anzuschmiegen, da schneidet man, anstatt Umschläge zu machen, die Binde lieber mit der Scheere ab, um sie dann von neuem wieder anzulegen. Wenn man stets so wickelt, dass die folgende Tour die vorhergehende etwa zu zwei Dritteln deckt, so braucht man zu einem zweckentsprechenden Gypsverband durchschnittlich vier aufeinanderliegende Lagen von Gypsbinden.

Gewöhnlich ist das Anlegen des Verbandes mit dem Umlegen der Gypsbinden beendigt; in besonderen Fällen kann man nun noch etwas Gypsbrei über den fertigen Verband verstreichen. Man gleicht damit alle Unebenheiten des Verbandes aus und gibt ihm dadurch ein gefälligeres, schöneres Aussehen.

Ist man fertig mit Wickeln, so muss man eine besondere Sorgfalt stets noch dem obern und untern Rande des Verbandes schenken; man muss darauf sehen, dass diese Ränder nicht einschneiden und muss zu dem Zwecke,

namentlich in der Leistenbeuge, öfters noch etwas mit
der Scheere oder dem Messer abtragen, wenn man zu
hoch hinaufgewickelt hatte. Auch einige Längsschnitte
an den Rändern und Umkrämpeln der eingeschnittenen
Randteile schützen gut vor einem zu starken Druck des
Verbandrandes. Ist der Verband an den Rändern noch
weich genug, so kann man auch recht gut mit dem
Zeigefinger unter den Verbandrand eindringen und ihn
ringsherum nach aussen umlegen, so dass auch so jedes
Einschnüren vermieden wird. Hat man mit Flanell- oder
Gazebinden unterpolstert, so kann man an beiden Enden
des Verbandes vorstehende Teile dieser Binden nach
dem Trocknen des Verbandes wie eine Manschette umschlagen und mittelst Heftpflaster befestigen.

Guter Gyps trocknet in der Regel nach wenigen
Minuten, so dass der Verband hart ist, sobald man fertig
ist. Will man das Trocknen beschleunigen, so bringt man
die eingegypsten Glieder in die Nähe eines Ofens und
lässt den Verband unbedeckt.

Unter allen Umständen müssen die Zehen- und Fingerspitzen frei bleiben; sie dienen, wie oben angegeben,
zur Kontrolle des guten Sitzens des Verbandes.

Um Gypsverbände gegen Feuchtigkeit zu schützen,
hat man verschiedene Mittel. D i e f f e n b a c h tränkte
den fertigen Gypsverband mit einer Lösung von Kolo-
phonium in Alkohol (1 : 12); M i t s c h e r l i c h benutzte
eine spirituöse Schellacklösung (3 : 50) oder eine Lösung
von Damarharz in Aether (1 : 4). H e r r g o t t bestrich
den Gypsverband einfach mit Wagenlack.

Das A b n e h m e n des G y p s v e r b a n d e s vom
Körper ist in der Regel schwieriger als das Anlegen desselben. In jedem Falle kann man sich das Abnehmen
des Verbandes dadurch erleichtern, dass man den Gyps
mit einer k o n z e n t r i e r t e n K o c h s a l z l ö s u n g
durchtränkt. Man macht dies am besten so, dass man
sich eine solche Lösung herstellt, dann etwas Watte oder
einen Schwamm in die Lösung eintaucht und die Watte
oder den Schwamm dann auf den Gyps aufdrückt. Der
Gyps wird durch die Berührung mit dem Kochsalz weich

und locker und lässt sich so unendlich viel leichter aufschneiden.

Zum Aufschneiden des Gypsverbandes dienen die Gypsmesser, Gypsscheren und Gypssägen.

Das G y p s m e s s e r nach v. E s m a r c h ist ein kräftiges. kurzes Messer mit bogenförmiger Schneide. (Tafel 112 c.)

G y p s s c h e r e n sind in mannigfachster Form angegeben worden von S e u t i n, S c z y m a n o w s k i, B r u n s. E m p f e n z e d e r u. A. Unbedingt die beste ist die neue Gypsschere von S t i l l e in Kopenhagen, mit welcher das Aufschneiden ausserordentlich leicht zu bewerkstelligen ist. (Tafel 112 d, e. f. und Tafel 113 b & c.)

G y p s s ä g e n sind entweder als Kreissägen (L e i t e r) oder als B l a t t s ä g e n (v. B e r g m a n n) in Verwendung. (Tafel 113 d & e.) Neuerdings hat man wohl auch empfohlen, Kettensägen (S c h i n z i n g e r) oder andere dünne Sägen (G i g l i 'sche Sägen) mit einzugypsen und mit diesen den Verband von innen nach aussen zu durchsägen (Schinzinger).

Um beim Aufschneiden des Verbandes nicht die unterliegende Haut zu verletzen, empfiehlt es sich oft, einen schmalen Streifen angefeuchteter Pappe oder einen schmalen Blechstreifen oder ein Stück Schnur direkt auf die Haut zu legen, in der Linie, in der man später den Verband aufzuschneiden beabsichtigt. Das Instrument läuft dann beim Aufschneiden auf diesem Streifen und die Haut ist sicher geschützt.

Hat man den Verband der Länge nach aufgeschnitten, so bricht man ihn nach beiden Seiten hin ein, indem man die Finger beider Hände in den klaffenden Spalt des Verbandes einzwängt. Sehr praktisch ist zu diesem Zweck auch eine von J u l i u s W o l f f angegebene Zange, das sogen. „Wolffsmaul", mit der man die Ränder sehr bequem nach der Seite einlegen kann. (Tafel 113 a.)

Wir haben bisher nur von dem einfachen Gypsbindenverband gesprochen. Mit demselben lassen sich nun unzählige Modifikationen eingehen.

Zunächst ist es des öfteren angezeigt, ein sogen. F e n s t e r in den Verband zu schneiden, um z. B. eine

in der Tiefe gelegene Wunde verbinden zu können.
Man schneidet dann an der betreffenden Stelle mit
einem scharfen Messer ein viereckiges Stück des Gypsverbandes aus und umklebt die Ränder nachträglich mit
amerikanischem Heftpflaster, damit sie nicht bröckeln
oder einschneiden. (Tafel 114 a.)

Weiterhin ist es nicht selten wünschenswert, dem
Verbande eine b e s o n d e r e F e s t i g k e i t zu geben.
Man fügt ihm zu diesem Zwecke stützende Einlagen,
sogen. V e r s t ä r k u n g s s c h i e n e n hinzu. So hat
man Tapetenspan, Fournierholz, Pappe, Zinkblech oder
Eisenblech, Telegraphendraht, Guttapercha, Filz und noch
viele andere Materialien zwischen die einzelnen Schichten
der Gypsbinden eingeschaltet. Wir bilden als Beispiel den V ö l k e r 'schen H o l z s p a h n - G y p s v e r-
b a n d ab. (Tafel 114 b.)

Man kann ferner recht gut u n t e r b r o c h e n e
Gypsverbände anlegen, indem man die Kontinuität des
Verbandes durch je nach Bedürfnis gebogene Schienen
aus Bandeisen oder Telegraphendraht herstellt. Solche
unterbrochenen Gypsverbände kommen zumeist an den
G e l e n k e n in Anwendung. (Tafel 114 c.)

Will man dabei die Gelenke b e w e g l i c h haben,
so gebraucht man zum Eingypsen sogen. G e l e n k-
s c h i e n e n, d. h. Schienen, welche mit einem Scharnier
oder mit Sectoren versehen sind. (Tafel 114 d.)

Sehr oft verwertet man die E l a s t i z i t ä t d e s
G y p s v e r b a n d e s, um ihn als a b n e h m b a r e
H ü l s e zu gebrauchen. Zu dem Zweck darf der Verband nicht zu dick sein. Er ist dann nach dem Aufschneiden so nachgiebig und dehnbar, dass keine weiteren gelenkartigen Vorrichtungen zu seinem Aufklappen
notwendig sind. Man schneidet den abnehmbar zu ge-
staltenden Gypsverband in der Regel in der Mittellinie
des Körpers exakt auf, nimmt ihn vorsichtig vom Körper
ab, befestigt an ihm durch Aufnähen mit festen Fäden
Vorrichtungen zum Schnüren oder Schnallen, legt ihn
wieder an und fixiert ihn durch Zuziehen der Schnüre
oder Schnallen. So kann man nicht nur einfache Hülsen

Tafel 114.

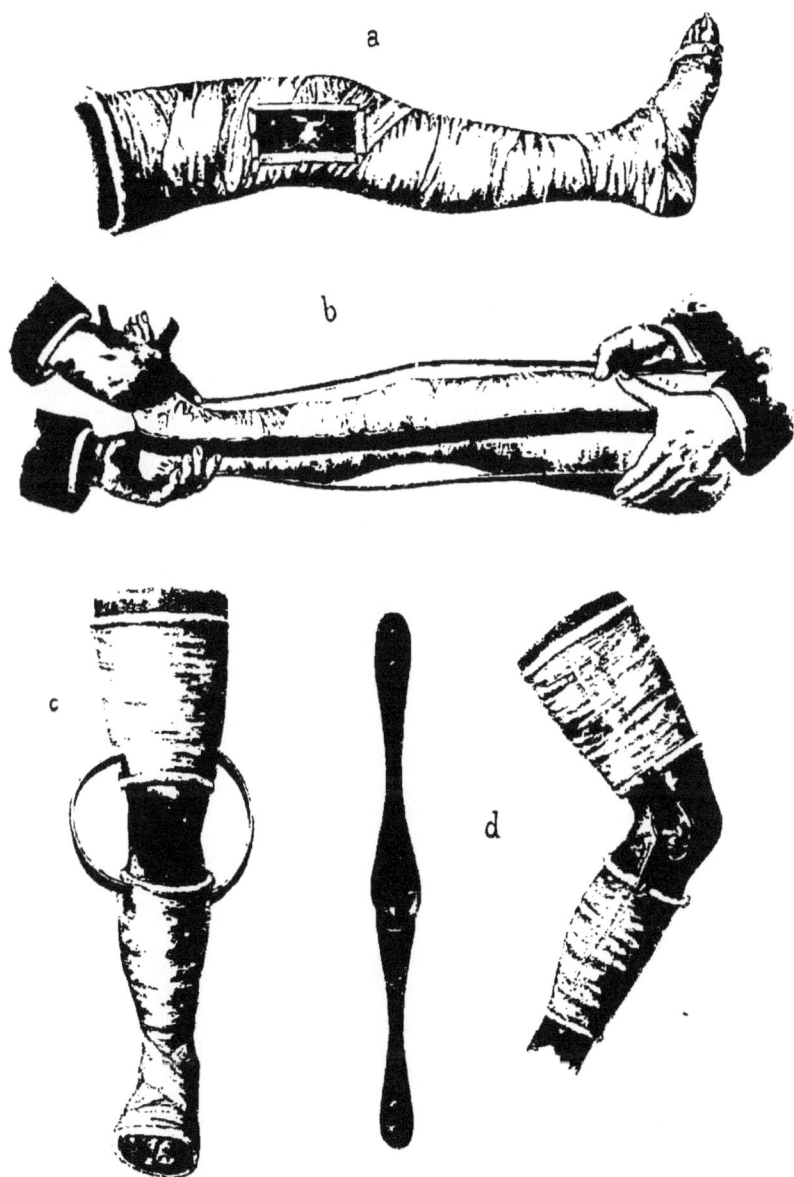

a) Fenster im Gypsverband.   b) Völker's Holzspahn-Gypsverband.
c) Unterbrochener Gypsverband.   d) Gypsverband mit Gelenkschienen.

Tafel 115.

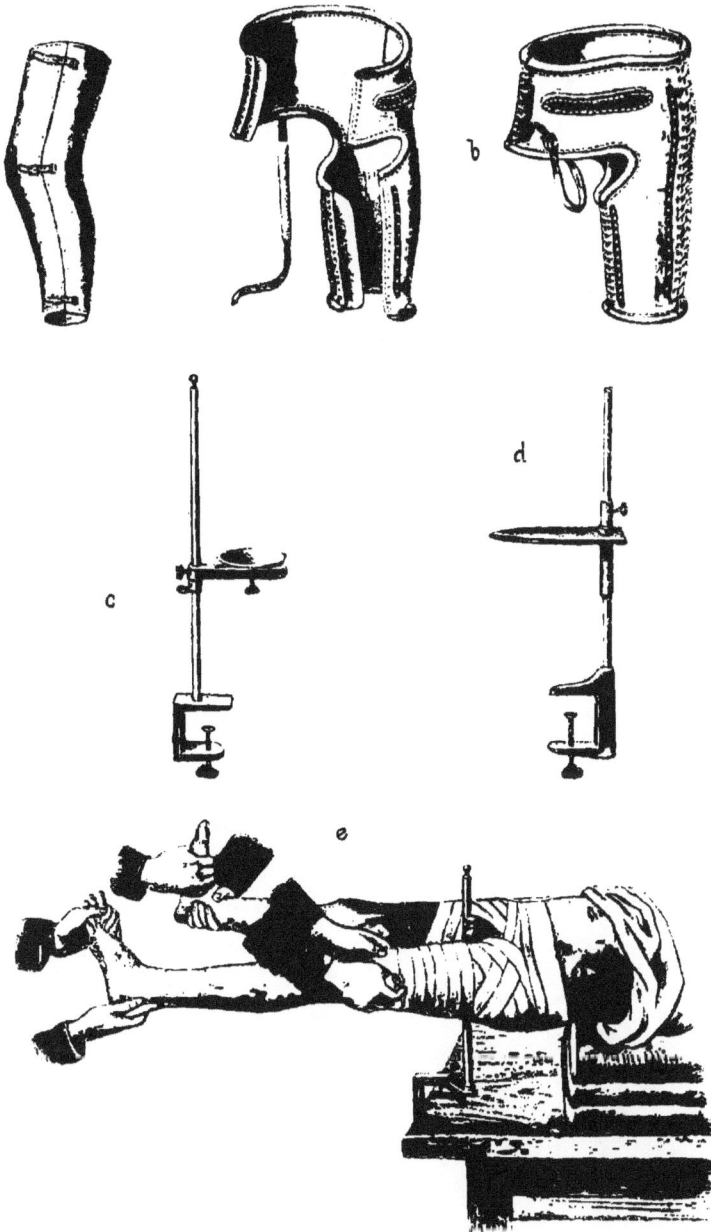

a) Abnehmbare Gypshülle für das Bein. b) Abnehmbare Gypshülle
für die Hüfte. c) Beckenstütze nach v. Esmarch. d) Beckenstütze nach
v. Bardeleben. e) Lagern des Patienten auf der Beckenstütze.

für die Extremitäten anfertigen (Tafel 115 a), sondern
auch kompliziertere, z. B. für das Becken. bei welch letz-
terem man dann die Ränder der Hülse in der Regel
noch mit einer Lederpolsterung versieht. (Tafel 115 b.)

Zum Anlegen des Gypsverbandes an der unteren
Extremität, namentlich am Unterschenkel und am Becken,
ist eine besondere Lagerungsweise des Patienten notwendig. Um nämlich das Becken bequem stützen zu
können, bedient man sich in solchen Fällen der B e c k e n -
s t ü t z e n , die in ihrer bekanntesten Form von v. E s -
m a r c h (Tafel 115 c) und v. B a r d e l e b e n (Tafel 115 d)
angegeben worden sind.

Zwei Gehilfen müssen dann beim Anlegen der Verbände die Beine in der gewünschten Stellung erhalten.
(Tafel 115 e.)

Damit man diese Gehilfen auch entbehren kann,
hat man neuerdings besondere Extensionsvorrichtungen
angegeben, von denen die einfachste und beste von
B r u n s beschrieben und empfohlen worden ist. (Taf. 116 a.)

Eine eigne Art der Lagerung zur Anlegung von
Beckengypsverbänden ist die D i t t e l'sche. D i t t e l legt
seine Patienten auf zwei runde Eisenstäbe von etwa
1$^1/_3$ cm Durchmesser so, dass Kopf und Rumpf auf
der Stange auf dem Operationstisch liegen, während die
Beine auf den beiden Stangen in der Weise ruhen, dass
ein Gehilfe die beiden Malleoli interni gegen die Stangen
andrückt. Der Gypsverband wird dann angelegt. Nach
Trocknen des Verbands werden die vorher gut eingeölten
Stangen aus dem Verband herausgezogen. Das Verfahren
ist sehr praktisch und wird von mir sehr oft geübt.
(Tafel 116 b.)

Die in früheren Jahren vielfach gebrauchten Me-
thoden des Gypsverbandes, der G y p s s t r e i f e n v e r b a n d
und der G y p s u m s c h l a g, sind heutzutage völlig verlassen
worden. Man verwendet dagegen jetzt vielfach die

Gypsschienen,

die in verschiedener Art und Weise hergestellt werden.
Wir haben da zunächst die

90

Beely'schen Gypshanfschienen. (Tafel 117.)

Zum Anlegen einer Gypshanfschiene braucht man Wasser und Gypspulver zum Anrühren eines Gypsbreies, gut ausgehächelten Hanf von etwa 50—80 cm Länge, ein Stück Leinwand zum Auflegen auf die Haut und einige Rollbinden. Aus dem Hanf macht man sich kleinere Bündel, die locker hingelegt, eine Breite von etwa 3—4 cm, bei 1 cm Dicke, haben. Das Anlegen der Schiene geschieht nun in der Weise, dass man dem Gliede zunächst die gewünschte Stellung gibt; dann legt man direkt auf die Haut, um das Ankleben des Gypses an die Haare zu verhüten, das gut angefeuchtete Leinwandstück, dessen Ränder man vorher in Abständen von etwa 5 cm eingeschnitten hat und das etwas länger und breiter sein muss als die gewünschte Schiene; dann macht man sich den Gypsbrei, nimmt eines der vorher präparierten Hanfbündel, zieht dasselbe durch den Brei hindurch, wobei man dafür sorgt, dass der Brei auch ordentlich zwischen die einzelnen Fasern eindringt, streift den überflüssigen Brei durch Hindurchziehen des Bündels zwischen Zeige- und Mittelfinger der linken Hand ab und legt nun das Bündel parallel der Längsachse des Gliedes auf die Leinwand auf. In derselben Weise wie dieses erste Bündel werden nun auch die anderen Bündel getränkt und dann dicht neben einander gelegt oder so, dass sie sich zum Teil noch gegenseitig decken. So fährt man fort, bis eine Schiene von gewünschter Länge und Breite und in der Mitte etwa 2 ctm Dicke gebildet ist. Nach den Seitenrändern zu lässt man die Schiene allmählich an Stärke abnehmen. Im allgemeinen sollen die Schienen etwa halb oder ein drittel so breit sein, wie die Circumferenz des betreffenden Gliedes. Ist die Schiene fertig, so werden die überstehenden Teile der Leinwandunterlage über die Ränder der Schiene herübergeschlagen und mit etwas Gypsbrei verstrichen. Ist der Gypsbrei erstarrt, so wird der Verband dadurch vervollständigt, dass man die Schiene mittelst einer Rollbinde an die Extremität anbandagirt.

Will man die Gypshanfschiene so einrichten, dass

sie auch zur Suspension des Gliedes dienen kann,
so kann man sehr leicht einige Eisenringe mit eingypsen.
Man nimmt dann einen dünneren Hanfstreifen, zieht
über diesen so viel Ringe, als benötigt sind, und legt
dann diesen mit Ringen versehenen Streifen in die Mitte
der schon aufgelegten Gypshanfstreifen, schiebt die Ringe
an die betreffenden Stellen, wo sie hinkommen sollen,
und tränkt dann diesen Streifen mit noch gut bindendem,
aber ja nicht zu dickem Brei. Dicht neben ihn und
zum Theil noch auf ihn legt man dann noch weitere
Gypshanfstreifen. (Tafdl 117 c, d.)

Die Beely'schen Gypshanfschienen haben den Vorzug, dass sie sich der Körperform genau anschmiegen,
dass sie leicht abgenommen werden können und dass
sie sehr haltbar sind. Sie haben den Nachteil, dass ihre
Anfertigung nur dann möglich ist, wenn man guten Hanf,
guten Gyps und gute Assistenz zur Seite hat.

Diesen Nachteil hat Braatz beseitigt, indem er
das Beely'sche Prinzip beibehaltend, die Gypsschienen für
die Praxis dadurch bequemer und zugänglicher machte,
dass er die Schienen statt aus Hanf aus Baumwollen-
tricot herzustellen lehrte.

Braatz's Gypstricotschienen.

Die Technik der Gypstricotschienen ist folgende:
Man schneidet aus dem Tricot Streifen, welche etwas
breiter sind, als die eigentliche Schiene werden soll,
taucht diese Streifen in Gypsbrei, entfernt den überflüssigen Gypsbrei durch Abwärtsstreichen und legt nun
diese Streifen auf die in richtiger Stellung gehaltene Extremität. Bei Erwachsenen legt man sie auf die blosse
Haut auf; bei Kindern legt man vorher zur Polsterung
einen feuchten, an den Rändern gekerbten Leinwandstreifen
unter. Dann folgt als zweite Schicht noch ein solcher Gyps-
tricotstreifen. Genügt dieser noch nicht, so wird noch
ein dritter Streifen hinzugefügt. Diese Schichten werden
durch kräftiges Streichen mit der flachen Hand ohne Mühe
zu einer gleichmässigen Schiene vereinigt. Es resultiren
auf diese Weise Schienen von einer Schönheit und Gleich-

mässigkeit, wie sie bei den Beely'schen Gypshanfschienen kaum gelingen. Wünscht man einen ganz besonders haltbaren Verband, so schaltet man nach der ersten Lage Gypstricot einen schmalen Streifen eines dünnen Drahtnetzes ein.

Die Albers'schen Kragenschienen.

Viel einfacher noch als die Anlegung der ebenbeschriebenen Schienen ist die der Albers'schen Schienen, die man auch als Gypslonguetten bezeichnen könnte. Als Beispiel beschreiben wir die Albers'sche Kragenschiene zur Behandlung von Oberarmbrüchen. (Tafel 116c.)

Die Schiene wird aus einfachen Gypsmullbinden von der Breite des Armes gefertigt, die vor dem Anlegen in heisses Wasser eingetaucht werden. Während nun die Redression des gebrochenen Armes stattfindet, werden die angefeuchteten Gypsbinden auf der leicht eingeölten Haut des Patienten in der Weise abgerollt, dass sie in Längstouren von der Mitte des Halses, wo ihr Anfang von einem Assistenten fixirt wird, über die Schulter, das Acromion, die Streckseiten des Ober- und Unterarms und den Handrücken hinweg bis an die Köpfchen der Mittelhandknochen läuft. Hier wird die Binde umgeschlagen, fixirt und dann in umgekehrter Richtung wieder bis zur Mitte des Halses hinaufgeführt. In dieser Weise deckt man die Hälfte des Halses, die ganze Schulter, die laterale Hälfte des Oberarms, die Streckseite des Vorderarms und den Handrücken mit 8—10 fachen Gypsbindenlagen zu, und die einzelnen Lagen werden stets gut verstrichen; sind sie fertig angelegt, so drückt man sie mit an der Hand beginnenden und bis zur Achsel hinaufreichenden Zirkelresp. Achtertouren von Cambricbinden gut gegen die Unterlage an. Ist man an den Hals gekommen, so schlägt man den am Hals in die Höhe geführten Teil der Schiene als Kragen nach aussen um. Indem man diesen durch einige Bindentouren, welche unter der Achselhöhle der gesunden Seite durchlaufen, befestigt, gewinnt die Schiene nach oben einen guten Halt. Ist

Tafel 116.

a

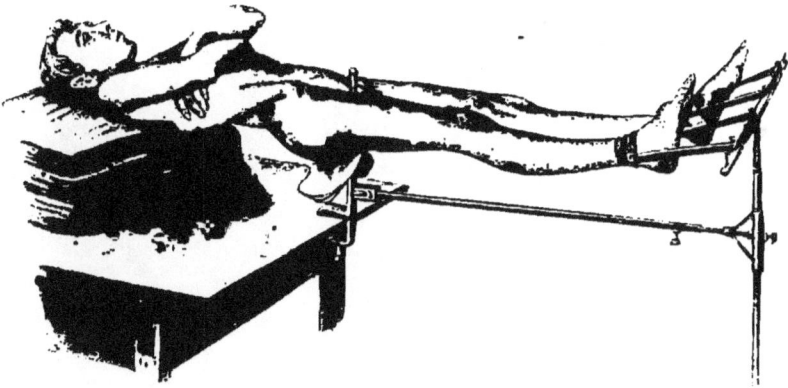

b

d

a) Lagerung des Patienten auf dem Bruns'schen Apparat.
b) „   „   „   „ den Dittel'schen Stangen.
c) Albers'sche Kragenschiene.   d) Breiger'sche Gypswatteschiene.

Tafel 117.

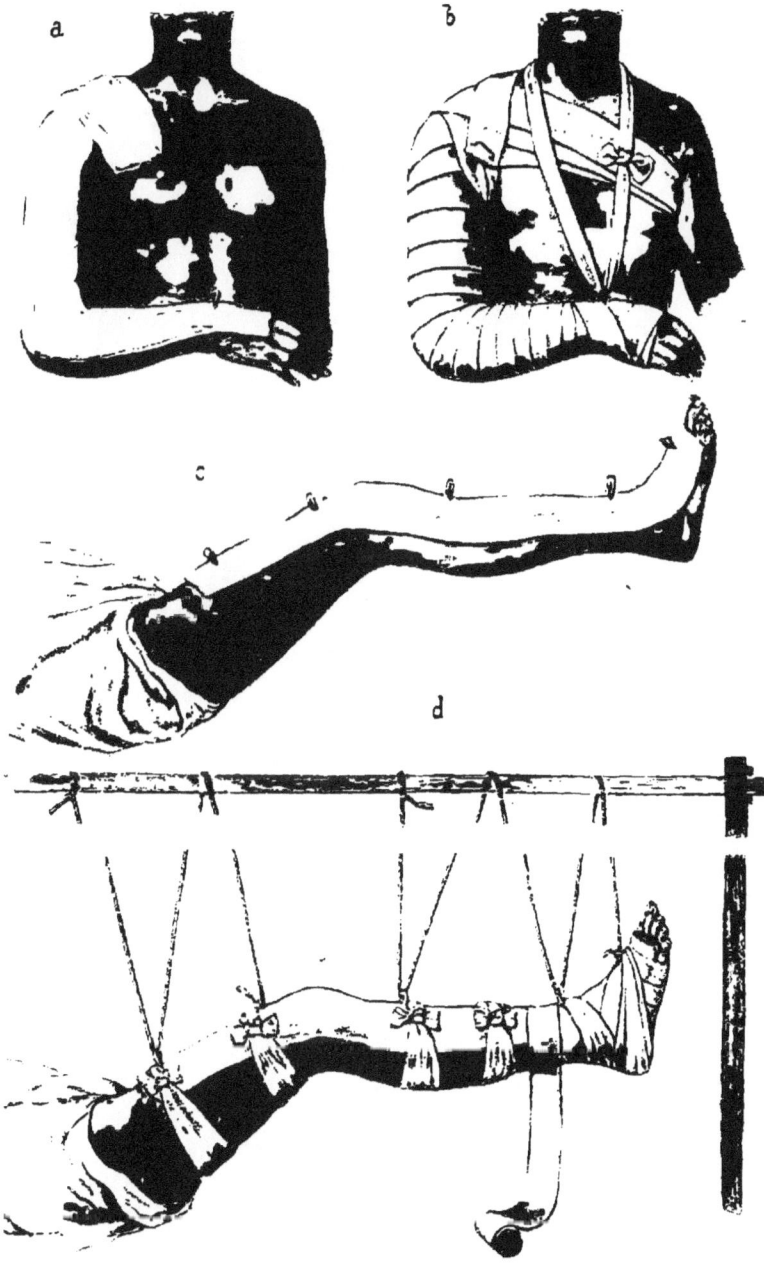

Beely sche Gypshanfschienen.
a, b) für die obere Extremität;
c, d) für die untere Extremität (mit Suspensionsvorrichtung).

der Gyps erstarrt, so wird die Schiene abgenommen, am
Rande etwas aufgebogen, mit einer dünnen Watteschicht
gepolstert und wieder angelegt. Der ganze Arm kommt
schliesslich in eine Mitella.

Die

Breiger'schen Gypswatteschienen. (Tafel 116d.)

Die Breiger'schen Gypswatteschienen oder auch
wohl Gypskataplasmen genannt, sind lange Säcke
aus geleimter Watte, mit Gyps gefüllt, von verschiedener
Grösse und Breite. Die Säcke werden in heisses Wasser
getaucht und dann mittelst Binden an den betreffenden
Körperteil in der erwünschten Stellung angewickelt Nach
dem Trocknen stellen sie genau passende Hohlrinnen
dar, die bequem abgenommen und wieder angelegt
werden können. Hat man die Säcke vorrätig, so ist der
Verband sehr bald angelegt.

Der

Wasserglasverband. (Tafel 118.)

Wasserglas, eine 30⁰/o—60⁰/o Lösung von kieselsaurem Natron (Natronwasserglas) oder kieselsaurem
Kali (Kaliwasserglas) wird zum Contentivverband
gebraucht, wenn man einen billigen, leichten und haltbaren Verband haben will.

Die Verwertung des Wasserglases geschieht in zwei-
facher Weise. Entweder schüttet man das Wasserglas,
wie man es aus der Apotheke bezieht, eine klare, dicke,
syrupähnliche, gelbliche Flüssigkeit, die in gut verkorkten
Krügen aufgehoben werden muss, in eine Schüssel, legt
in die Flüssigkeit die zu verwendenden Mullbinden hinein,
lässt sie sich etwa 10 Minuten lang vollsaugen, presst
dann das überflüssige Wasserglas aus und wickelt nun
die Binden wie die Gypsbinden am Körper an, oder
aber man wickelt zuerst die Mullbinden unimprägnirt
in gewöhnlicher Weise an und tränkt sie erst nach dem
Anlegen, indem man das Wasserglas mittelst eines
groben Borstenpinsels aufträgt. Das Bepinseln der Binde

geschieht am besten in zirkulärer Richtung; streicht man
in der Längsrichtung, so rollen sich die Ränder der
Binde leicht auf, so dass Falten entstehen. Ist die eine
Bindenlage getränkt, so wird eine frische Mullbinde
übergewickelt und in derselben Weise behandelt. Vier
Lagen genügen in der Regel zu einem haltbaren Verband.

Das Wasserglas hat den Nachteil, dass es sehr langsam, oft erst nach Tagen, erstarrt. Durch Zusätze von
Kreide, Dextrin, kohlensaurem Kalk, Kalkhydrat, Calcium-
phosphat, Dolomit, Magnesit oder Zement kann man
jedoch das Erhärten beschleunigen. Namentlich der
M a g n e s i t w a s s e r g l a s - V e r b a n d erhärtet recht
gut. Man setzt, um ihn zu erhalten, dem Wasserglas
unter beständigem Verrühren so lange Magnesit zu, bis
ein gleichmässiger, rahmartiger Brei entsteht, mit dem
dann die Binden getränkt werden.

Um zu vermeiden, dass sich bei einer reponierten
Fraktur die Dislokation wiederherstellt oder eine redressierte
Deformität wieder zurückgeht, während der Wasserglasverband erstarrt, legt man vielfach ü b e r d e m
W a s s e r g l a s v e r b a n d n o c h e i n e n G y p s v e r-
b a n d an, den man dann nach dem Erhärten des Wasserglases wieder abnimmt.

Der einmal erhärtete Wasserglasverband besitzt auch
ohne Verstärkungsschienen eine ausserordentliche Festigkeit. Dabei ist er leicht, sehr elastisch und dauerhaft;
er ist nicht spröde wie Gyps, bröckelt daher nicht ab
und lässt sich deshalb sehr gut bearbeiten, d. h. mit
Riemen, Schnallen, Gurten, Gelenkschienen u. s. w.
versehen. Die Wasserglasverbände sind daher sehr
brauchbar für orthopädische Zwecke. Besonders er-
wähnenswert sind die sog. „a r t i k u l i e r t - m o b i l e n"
Gelenkverbände von K a p p e l e r u n d H a f t e r, in
denen die Beweglichkeit der Gelenke nicht mit Hilfe
von Gelenkschienen, sondern durch z w e c k m ä s s i g
a n g e b r a c h t e A u s s c h n i t t e hergestellt wird, in
der Weise, wie das die Abbildungen zeigen. (Tafel 118.)

Tafel 118.

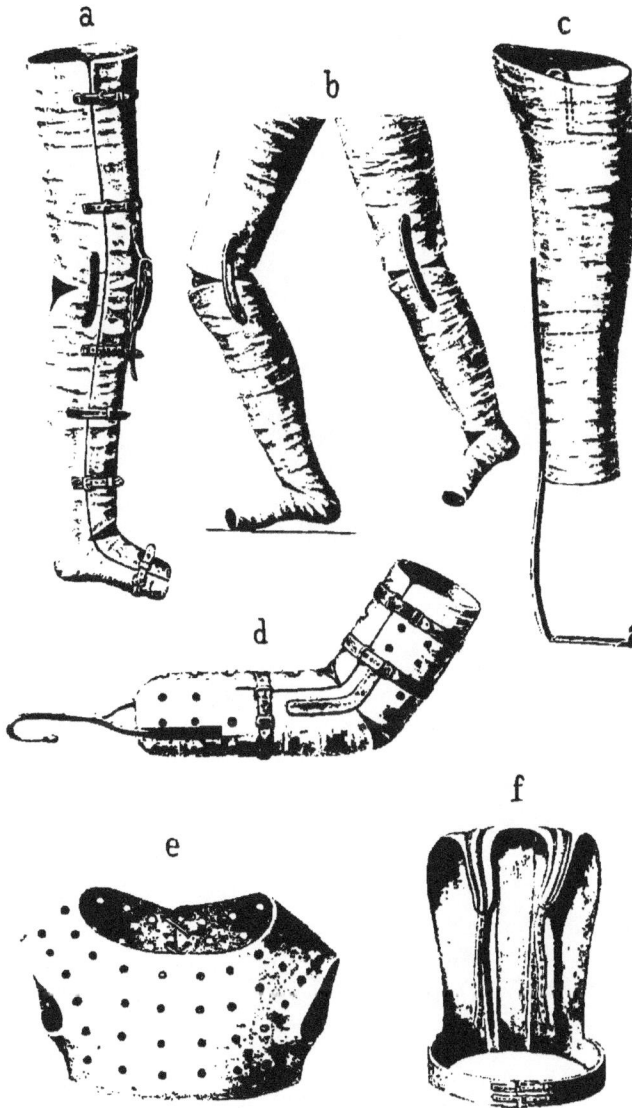

Artikuliert-mobile Wasserglasverbände nach Kappeler und Hafter.

Tafel 119.

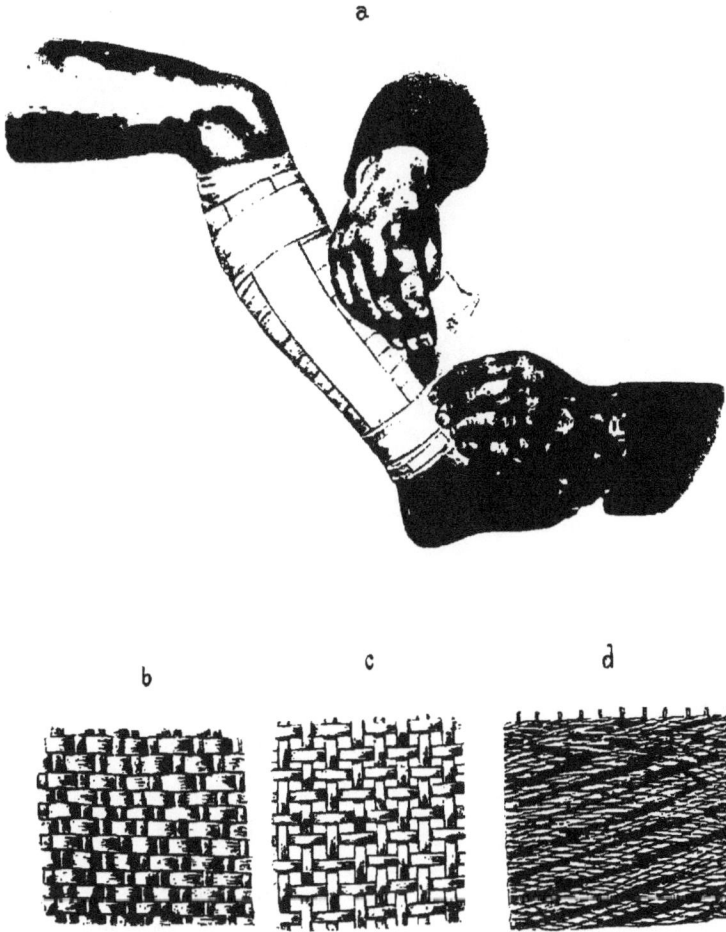

a) Anlegung eines Leimverbandes.
b, c, d) Verschiedene Rohrgeflechte.

Der Leimverband. (Tafel 119.)

Der Leimverband wird in neuerer Zeit wieder vielfach verwendet. Die Technik ist die, dass die beste
Qualität des Leimes, der sog. „Kölner Leim" zunächst
geruchlos gemacht wird. Zu dem Zweck wird er zwei
Tage in Wasser geweicht, bis er zu einer sulzigen Masse
aufquillt. Hierauf wird das überflüssige Wasser abge-
gossen und der Leim bis zur Schaumbildung aufgekocht.
Nach dem Abkühlen wird dieselbe Prozedur noch zweimal wiederholt.

Zum Anlegen des Verbandes werden L e i n w a n d-
s t r e i f e n mit dem Leim bestrichen. Diese Leinwandstreifen sind schmal und besitzen gerade die Länge, dass
sie, ohne eingeschlagen werden zu müssen, sich der
Circumferenz des Gliedes faltenlos anpassen. Der auf
diese Streifen aufzutragende Leim muss erst heiss gemacht
werden. Dies geschieht am besten in einem doppel-
wandigen Kessel, damit die Temperatur nicht über 100
Grad hinausgeht. Ist der Leim heiss, so wird er auf
die Leinwandstreifen aufgestrichen und diese dann, jeder
einzelne für sich, in der Weise aufgelegt, dass man mit
dem ersten Streifen an der Peripherie beginnt, dann den
nächsten Streifen diesen ersten zu etwa einem Drittel
decken lässt, und so fort, bis man von der Peripherie
zu dem zentralen Ende des Verbandes gelangt ist.
Je heisser der Leim ist, desto besser klebt er, und desto
schneller trocknet und erhärtet er. Das Erhärten ist
nach kurzer Zeit, etwa nach 3—5 Stunden, beendet. Der
so erzielte Verband ist leicht, übt eine gute Kompression
aus und kann ebenfalls abnehmbar gemacht werden.

Der Holzleimverband.

An die Leimverbände schliessen sich unmittelbar
die H o l z l e i m v e r b ä n d e Walltuch's an. Das
zu diesem Verband notwendige Material sind Hobel-
spähne, die etwa 6 cm lang, 5 cm breit und 0.5 mm dick
sich von selbst zu Holzbinden aufrollen. Diese Holzbinden werden durch „Kölner Leim" miteinander verbunden. Der Leim wird wiederum etwa 8—10 Stunden

in kaltem Wasser erweicht und dann in einem Wasser-
bade aufgekocht. Er muss so dick sein, dass man beim
Führen des Pinsels einen Widerstand spürt. Durch
Zusatz von etwa 5°/o Glycerin — etwa 3—4 Esslöffel
zu einem Liter Leimlösung wird der Leim nach dem
Eintrocknen recht e l a s t i s c h und durch Zusatz von
5 --10 Kaffeelöffel von doppelchromsaurem Kali auf ein
Liter Leimlösung w i d e r s t a n d s f ä h i g g e g e n
D u r c h n ä s s u n g. Die Holzverbände müssen immer
über einem Gypsmodell gemacht werden, das man vorher zweckmässig mit Trikot überzieht. Um das Anlegen
der Holzstreifen auf so unregelmässigen Flächen, wie es
die Körperformen sind, zu ermöglichen, spaltet man die
einzelnen Streifen von beiden Seiten her auf kurze
Strecken mit einem Messer auseinander. Die einzelnen
Streifen decken sich wieder zu etwa einem Drittel und
werden in der mannigfaltigsten Weise zirkulär, diagonal
und spiralig angelegt. Drei Schichten genügen in der
Regel. Der vom Modell abgenommene erhärtete Verband wird zur Erlangung grösserer Festigkeit von innen
und aussen noch mit Rohleinwand überzogen.

Die Holzverbände sind ausserordentlich haltbar und
leicht und gewinnen daher immer mehr an Verbreitung.
Namentlich die Holzkorsette bei Scoliosen sind ausserordentlich beliebt.

Der geleimte Cellulose-Verband.

Als Ersatz für den eben beschriebenen W a l l t u c h -
schen Holzleimverband empfiehlt H ü b s c h e r die geleimte C e l l u l o s e. Die im Handel in breiten Rollen
zu beziehende Cellulose wird entsprechend zugeschnitten
und in lauwarmem Wasser so lange durchfeuchtet, bis
sich beim Reiben der Celluloseplatten zwischen den
Fingern kleine Teilchen von der Oberfläche abrollen
lassen. Dann wird die feuchte Platte dem Modell genau
angepasst und auf demselben getrocknet. Die Cellulose,
die jetzt völlig die Form ihrer Unterlage angenommen
hat, wird nun von derselben abgenommen, mittelst eines
Borstenpinsels reichlich mit dünnflüssigem Leim auf

beiden Seiten bestrichen und sofort wieder an ihre
frühere Stelle auf das Gypsmodell aufgelegt, wobei die
Ränder übereinander geleimt werden. Nun wird noch
eine zweite dünnere Schicht Cellulose entweder sofort
oder noch besser nach dem Trocknen der ersten aufge-
leimt; nun ist der Verband fertig. Zum Tragen wird er
noch gefüttert und mit Schnürvorrichtung versehen. Die
Verbände sind sehr leicht, elastisch und widerstandsfähig.
(Bezugsquelle der Cellulose: die Cellulosefabrik von
Simonius in Kehlheim).

Der Rohrgeflecht-Leimverband. (Tafel 119 b, c, d.)

Ein aus Rohrgeflecht und Leim zusammengesetzter
Verband ist schon seit längerer Zeit in der chirurgischen
Klinik zu Leipzig im Gebrauch. Weit- oder engmaschiges
Rohrgeflecht oder ein Geflecht, in dem die Rohrstäbchen
in der Hauptsache in der Längsrichtung angeordnet sind,
wird in schmälere oder breitere Streifen geschnitten und
in heissem Wasser geschmeidig gemacht. Die betreffende
Extremität wird zunächst mit einem Trikotstrumpf überzogen. Ueber denselben wird eine Mullbinde gewickelt,
die dann mittelst eines Borstenpinsels mit Leim getränkt
wird. Nun legt man die Rohrmatten auf, die ebenfalls
erst durch den dünnflüssigen Leim hindurchgezogen
werden. Auf diese Einlagen folgen wieder zwei Leim-
Mulllagen, und damit ist der Verband vollendet. Nach
12 Stunden ist er soweit getrocknet, dass die Kapsel
nach der Abnahme die Form bewahrt. Dieselbe ist fest,
dauerhaft, leicht und geschmeidig. (Bezugsquelle des
Rohrgeflechtes: A. Ehrich in Leipzig, Dufourstr. 15).

Der Kleisterverband.

wurde 1840 von S c u t i n erfunden.

Man rührt Stärkemehl mit k a l t e m Wasser zu
einem Brei an und giesst dann unter stetem Umrühren
so viel k o c h e n d e s Wasser hinzu, bis ein klarer, dick-
flüssiger Schleim entsteht. Man braucht nun zum Kleisterverband K l e i s t e r b i n d e n und K l e i s t e r s c h i e n e n.
Die K l e i s t e r b i n d e n erhält man, wenn man gewöhnliche Baumwollbinden durch den frischen Kleister

hindurchzieht und sie dann aufrollt. Die Kleister-
schienen stellt man dar, indem man einfache Pappstreifen rasch durch heisses Wasser zieht und dann auf
beiden Seiten dick mit Kleister beschmiert.

Zur Anlegung des eigentlichen Verbandes wird
das Glied zunächst sorgfältig mit einer feuchten Flanellbinde eingewickelt, nachdem man die Vertiefungen an den
Gelenken mit Watte ausgepolstert hat. Nun wickelt man die
Kleisterbinden darüber, legt auf diese die weichen Kleister-
schienen, wickelt über diese wieder Kleisterbinden und
umhüllt das Ganze schliesslich mit einer Mullbinde.

Es dauert 2—3 Tage, bis ein Kleisterverband ganz
trocken und hart wird. Ist er aber trocken, so kann er
ebenso wie die andern Kontentivverbände abnehmbar
gemacht werden.

Dextrinverbände, Tripolithverbände, Kitt-
verbände, Gummi-Kreideverbände, Paraffin-
Stearinverbände, Cementverbände, die in früheren
Jahren hie und da als Contentivverbände gebraucht wurden,
werden heutzutage kaum mehr in Verwendung gezogen.

Dagegen haben Landerer-Kirsch in den allerletzten
Tagen zu Hülsenverbänden einen

Celluloid-Mullverband

empfohlen.

Der Celluloid-Mullverband besteht aus Mullbinden, gestärkt mit einer Auflösung von Celluloid
in Aceton. Man schneidet mit einer starken, Scheere
Celluloidplatten in kleine Schnitzel, thut diese in eine
grosse, weithalsige Flasche bis zu etwa $^1/_4$ der Höhe derselben und giesst dann das Aceton auf, bis die Flasche
voll ist. Die Flasche muss einen guten, luftdichten Ver-
schluss haben, da sonst zu viel verdunstet. Von Zeit
zu Zeit wird geöffnet und mit einem Stäbchen umgerührt.

Zur Herstellung einer Hülse überzieht man das Gypsmodell zunächst mit einem dicken Stück Flanell, Filz
oder wickelt auch wohl nur eine einfache Mullbinde über,
so dass sich die Touren etwa zur Hälfte decken. Auf
diese Mullschicht wird nun die inzwischen fertiggestellte

99

Celluloidgelatine eingerieben. Da sie an den Finger sehr fest klebt und nur mit Aceton abzuwaschen ist, wird die Hand am besten mit einem Lederhandschuh geschützt. Auf die Celluloidschicht wird nun wieder eine Mullbinde gewickelt, und es wechseln nun diese Schichten — Celluloidlösung und Mullbinde — weiterhin so lange ab, bis der Verband die nötige Stärke erreicht hat. Bei kleinen Hülsen genügen 4—6 Lagen; bei einem Stützkorsett sind mindestens 10 Lagen erforderlich. Die äusserste Schicht stellt nicht die Mullbinde, sondern die Celluloidgelatine dar; dadurch erhält der Verband ein schönes, glänzendes Aussehen. (Tafel 120.)

Die so hergestellten Hülsen sind sehr leicht, elastisch, sehr hart und undurchlässig; sie erhärten in 3—4 Stunden.

Zugverbände

(Extensions-Distraktionsverbände.)

a) Heftpflastergewichtextensionsverband.

Unstreitig der beste und der am meisten verwendete Zugverband ist der Heftpflasterzugverband, der von Gordon Buck in Amerika ursprünglich angegeben und in Deutschland besonders von R. v. Volkmann eingeführt wurde.

Seine Technik ist die, dass an das zu extendierende Glied eine Heftpflasterschlinge angeklebt wird, an welcher wiederum eine das Gewicht tragende Schnur befestigt ist. Die Heftpflasterschlinge muss so fest an dem Gliede kleben, dass sie auch bei einem starken und anhaltenden Zuge nicht abgleitet. Man muss deshalb gutes Heftpflaster verwenden, am besten dasjenige, welches wir unter dem Namen „Sparadrap of Mead" aus Amerika beziehen.

Von diesem Pflaster reisst man sich je nach der Breite der Glieder einen $1^1/_2$—3 Finger breiten und $^1/_2$—$1^1/_2$ Meter langen Streifen ab und klebt diesen in der Richtung, in welcher der Zug ausgeübt werden soll, an

die beiden Seitenflächen des zu extendierenden Gliedes
in der Weise an, dass die beiden Streifenenden gegen
das centrale Ende des Gliedes zu liegen kommen, während
die Mitte des Streifens als offene Schlinge das
periphere Ende des Gliedes überragt. Beim Ankleben
der Heftpflasterstreifen muss man darauf achten, dass
keine hervorstehenden Knochenvorsprünge gedrückt werden. Zu dem Zweck wird auch die offene Schlinge durch
ein schmales Brettchen, das sogen. „Spreizbrettchen"
ausgespreizt gehalten, so dass sie in eine Art Steigbügel
verwandelt wird. An dieses Brettchen befestigt man die
Schnur und leitet diese dann über Rollen, so dass die
Gewichte frei herabhängen.

Wollen wir nun z. B. einen Extensionsverband
an der unteren Extremität bei einem Erwachsenen
anlegen, so wird ein 6--8 cm breiter Streifen zu beiden
Seiten des Beines möglichst hoch oben vom Oberschenkel
herab angeklebt bis etwa handbreit über die Malleolen.
Hier weichen die Streifen auseinander, indem die Schlinge
durch Einlegen des Spreizbrettchens in den Steigbügel
verwandelt wird. (Taf. 120a.) Beim Anlegen des äusseren
Streifen muss man darauf achten, dass der Nervus peroneus
auf dem Capitulum fibulae nicht gedrückt wird. Bei mageren
Personen legt man nun auf die Tibiakante und um die
Malleolen herum etwas Watte auf und wickelt nun das
ganze Bein, von den Malleolen angefangen bis zur Leiste
hin, mit einer Cambric- oder Flanellbinde ein. (Taf. 120b.)
Den Fuss selbst umwickelt man dann gut mit Watte und legt
ihn in eine ebenfalls wohlgepolsterte v. Volkmann'sche
oder noch besser in eine Bruns'sche Schiene hinein, da bei
dieser letzten ein Druck auf die Ferse sicher vermieden wird.
Nimmt man die Bruns'sche Schiene, so gleiten die halbkreisförmig abgebogenen Arme leicht auf der Unterlage,
so dass die Reibung eine geringe und eine weitere Vorrichtung nicht notwendig ist. Wählt man dagegen die
v. Volkmann'sche Schiene, so ist der von der Bett-
unterlage gebildete Reibungswiderstand so gross, dass ein
besonderes sog. Schleifbrett unter die Schiene gelegt
werden muss, um das leichte Gleiten der Schiene zu er-

a

b

c

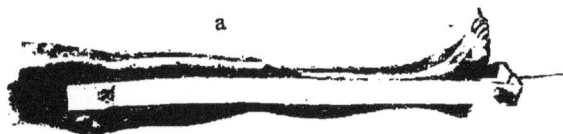

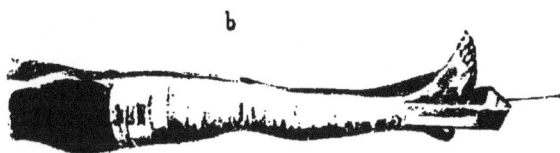

Heftpflastergewichtsextensionsverband.

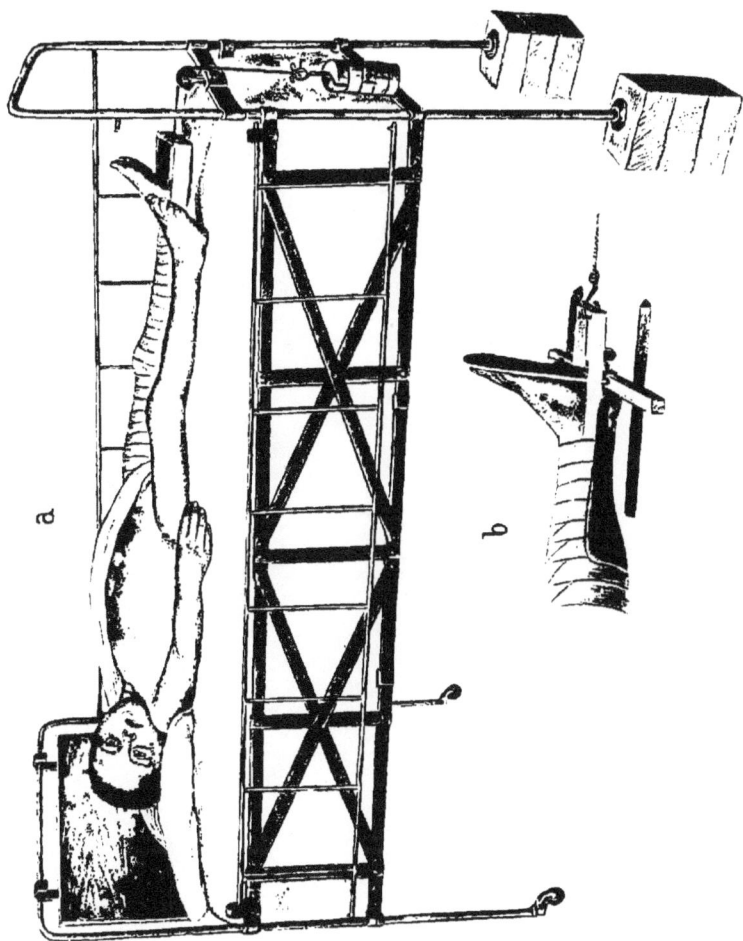

a   b

möglichen. (Taf.121b.) Das Schleifbrett ist ein dünnes Brett von etwa ¼ Meter Länge, und 15—20 cm Breite, an dessen beiden Rändern zwei dreiseitige Prismen mit Leim angeklebt sind. Die Schiene gleitet dann auf den Kanten dieser Prismen. Beim Anlegen der v. Volkmann'schen Schiene muss der Fuss genau rechtwinklig stehen und die Ferse gut in den Fersenausschnitt hineinpassen. Man muss dabei das Fussblech der Schiene fest gegen die Fusssohle andrängen und den Fuss fest an die Schiene anbandagieren; sonst entfernt sich die Ferse vom Fussblech, und die Patienten bekommen unausstehliche Schmerzen und Decubitus an der Ferse. (Tafel 120 c.)

Hat man nun die v. Volkmann'sche oder Bruns-sche Schiene angelegt, so befestigt man weiterhin die Schnur mittelst eines Hakens an dem Spreizbrettchen und leitet schliesslich die Schnur über die am Bett angebrachten Rollen hinweg. Diese Rollen werden entweder an die hölzerne Bettstelle angeschraubt oder an die eiserne Bettstatt durch besondere Rollvorrichtungen befestigt. Die beste und einfachste dieser Rollenvorrichtungen ist die von Koch in Neuffen angegebene, deren Konstruktion und Anwendungsweise wohl unmittelbar aus der Abbildung ersichtlich ist. (Taf. 120 c.)

Die Grösse des Gewichtes ist je nach der Krankheit, dem Alter und der Muskelkraft des Patienten verschieden und schwankt zwischen 3 bis 30 Pfund. Als Gewichte braucht man entweder eiserne Gewichte, oder man füllt sich Sandsäcke mit der entsprechenden Menge Sand und verbindet dann die Sandsäcke mit der Schnur.

An dem eben beschriebenen ursprünglichen v. Volkmann'schen Extensionsverbande sind nun eine Reihe von Modifikationen vorgenommen worden, die aber alle nicht von wesentlicher Bedeutung sind. Wir erwähnen nur, dass, um den Druck auf die Ferse zu vermeiden, Koenig einen Schleifbügel angegeben hat: eine dorsale Schiene mit zwei seitlich angebrachten Eisenbügeln, welche das Bein in der Schwebe erhalten. Wir haben schon erwähnt, dass sich für den gleichen Zweck am meisten die Bruns'sche Schiene eignet.

Würde man nun den Patienten in das Bett legen und die Gewichte wirken lassen, so würden diese den Patienten einfach im Bett herunterziehen. Man muss also eine Vorrichtung anbringen, welche es verhindert, dass der Körper des Kranken dem Zuge folgt. Man hat da im allgemeinen drei verschiedene Verfahren. Erstlich kann man zwischen den gesunden Fuss und das Fussende des Bettes ein festes Kissen oder eine Fussbank legen, gegen die sich der Fuss anstemmen kann. Dieser Gegenhalt geht natürlich verloren, sobald der Patient sein gesundes Knie beugt. Es ist daher wohl besser, sich gleich des zweiten Verfahrens zu bedienen. Dieses besteht darin, dass man das Fussende des Bettes durch untergeschobene Holzklötze hoch stellt. So verwandelt man das Bett in eine schiefe Ebene, auf der der Körper das Bestreben hat nach abwärts zu gleiten. (Tafel 121 a.)

Das beste und sicherste Verfahren, den Gegenhalt zu gewinnen, ist entschieden die Anlegung eines Gegenzuges, der sogenannten Kontraextension. Dieser Gegenzug wird so hergestellt, dass man einen wohlgepolsterten Gummischlauch oder besser eine weiche Schafwollquele zwischen den Beinen des Patienten hindurchführt und entweder am Kopfende der Bettstelle anknüpft oder ebenfalls über eine Gewichtsrolle hinüberführt. Der Gummischlauch oder die Quele erhält dann den Gegenhalt am Damme des Patienten. (Tafel 121 a.)

Jeder Extensionsverband muss täglich mehrmals genau kontrolliert werden, und es muss dafür gesorgt werden, dass an keiner Stelle Decubitus entsteht.

Mittelst des Heftpflasters kann der Zug nicht nur in der Längsachse des Gliedes bewirkt werden. Man kann vielmehr auch ganz bequem seitliche Züge anbringen und so z. B. gegen die Wiederkehr der Dislokation bei einem schweren Bein- oder Armbruch erfolgreich vorgehen oder eine winklige Gelenkkontraktur bequem korrigieren. Bei der Frakturenbehandlung hat namentlich Bardenheuer das Heftpflaster in ergiebigster Weise zu verwenden gelehrt; das zeigt zum Beispiel ein Blick auf Tafel 122, welche die Bardenheuer'sche Methode zur Behandlung eines Ober-

schenkelbruches mit der gewöhnlichen Dislokation d. h. mit
dem nach aussen sehenden Winkel der Fragmente, dar-
stellt. Wir haben da erstens den Längszug, zweitens
einen Querzug an der Spitze des Winkels und drittens
einen Querzug am Becken. der das Becken ruhig stellen
und ein Ausweichen desselben nach der gesunden Seite
hin verhindern soll. (Tafel 122 a.)

Als Beispiel der mehrfachen Verwertung des Heftpflasters zur Streckung von Kontrakturen diene die Schede-
sche Methode zur Streckung einer mit Subluxation der
Tibia nach hinten und aussen einhergehenden Beugekon-
traktur des Kniegelenkes. Ausser dem Längszug am Unterschenkel sehen wir da einen das Knie nach abwärts und
einen die Tibia nach aufwärts führenden Zug in leicht ver-
ständlicher Weise angebracht. (Tafel 123 a.)

Da Kinder das Heftpflaster leicht beschmutzen, kann
man bei ihnen die Extension sehr bequem mit der
Suspension verbinden. So verwertet man heutzutage die vertikale Suspension nach dem Vor-
gange von Schede namentlich zur Behandlung von Oberschenkelbrüchen kleiner Kinder. (Tafel 122 b.)

Wir haben bisher als Zugmittel stets das Heftpflaster
im Auge gehabt. Manche Patienten sind nun aber gegen
das Heftpflaster sehr empfindlich: sie bekommen leicht
Eczeme, und es muss dann der Verband alsbald abgenommen werden. Bei solchen Patienten thut man gut. zunächst
zwei Streifen von Unna'schem Zinkpflastermull auf-
zukleben und das Heftpflaster dann erst auf diese Streifen
aufzulegen Die Haltbarkeit des Verbandes bleibt so
durchaus gewahrt; Eczeme aber vermeidet man fast sicher.

Eine andere Art und Weise, um bei empfindlichen
Patienten doch einen Extensionsverband anbringen zu
können, ist die v. Volkmann'sche Methode des „Steck-
nadelverbandes". Dieser ist sehr leicht anzulegen.
Man legt, gerade wie sonst die Heftpflasterstreifen, jetzt
eine einfache Leinwandbinde schlingenförmig an dem
Bein an, wickelt diese Schlinge nun mit einer anderen
Binde sorgfältig an, indem man über den Malleolen beginnt und die Binde kunstgerecht bis zur Leiste hin

führt, und steckt schliesslich jede einzelne Tour dieser letzteren Binde an der unterliegenden Leinwandbinde mit je einer Stecknadel fest. Hat man gut gewickelt, so kann man schon einen sehr kräftigen Zug ausüben, ohne dass sich der Verband auch nur im mindesten verschiebt. (Tafel 123.)

In der letzten Zeit hat Heusner einen sehr praktischen Ersatz des Heftpflasters angegeben. Heusner verwendet Filzstreifen und aufgelöste Heftpflastermasse (Cerae flavae, Resinae Damarae, Colophon. $\overline{aa}$ 10,0. Terebinth. 1,0. Aether, Spirit. Ol terebinth. $\overline{aa}$ 55,0, filtra!). Diese letztere Flüssigkeit kann in einer verstöpselten Medizinflasche beliebig lange aufbewahrt werden. Mit Hülfe eines eingesetzten Zerstäubungsröhrchens, welches mit dem Munde angeblasen wird, bestäubt man ganz leicht das Bein oder den Arm zu beiden Seiten, legt dann über den bestäubten Teilen je einen etwa handbreiten Filzstreifen, welcher an der Aussenseite mit fester Leinwand übernäht ist, an und wickelt nun die beiden Filzstreifen mit einer gewöhnlichen Mullbinde fest an. Ueber diese Mullbinde wickelt man dann noch eine steife Gazebinde recht fest und gleichmässig an. Unmittelbar nach Fertigstellung des Verbandes kann man die Extension mit den schwersten Gewichten ausüben. Eczeme entstehen nicht, wenn man die Heftpflastermasse nicht zu dick aufstäubt. Braucht man den Verband nicht mehr, so lassen sich die Filzstreifen ganz leicht vom Gliede abziehen: sie können dann gut noch einigemale verwertet werden. Die geringe Klebrigkeit der Haut, die nach dem Abnehmen der Filzstreifen bestehen bleibt, beseitigt man leicht durch Abseifen und Waschen der Haut.

Der weiche, etwa $^3/_4$ cm dicke Filz, sog. Klavierfilz ist zu beziehen aus der Dittersdorfer Filz- und Kratzentuchfabrik in Dittersdorf (Sachsen).

b) Der Zug durch den Contentivverband.

Die erhärtenden Verbände können unter Umständen dazu verwendet werden, einen einmal hergestellten Zug

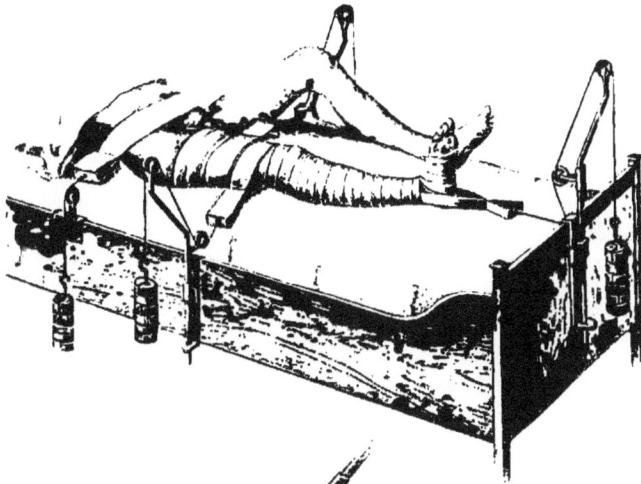

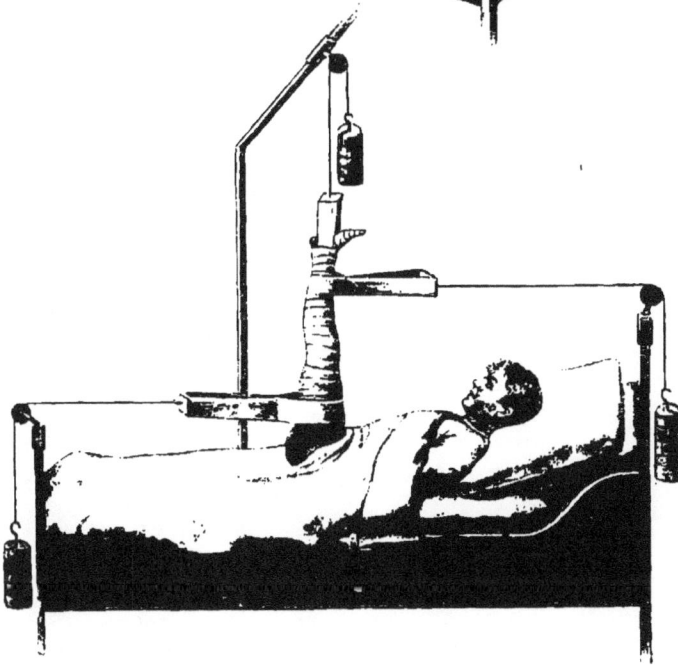

a) Verwendung mehrerer Heftpflasterzüge nach Bardenheuer.
b) Schede's Methode der vertikalen Extension bei Kindern.

Tafel 123.

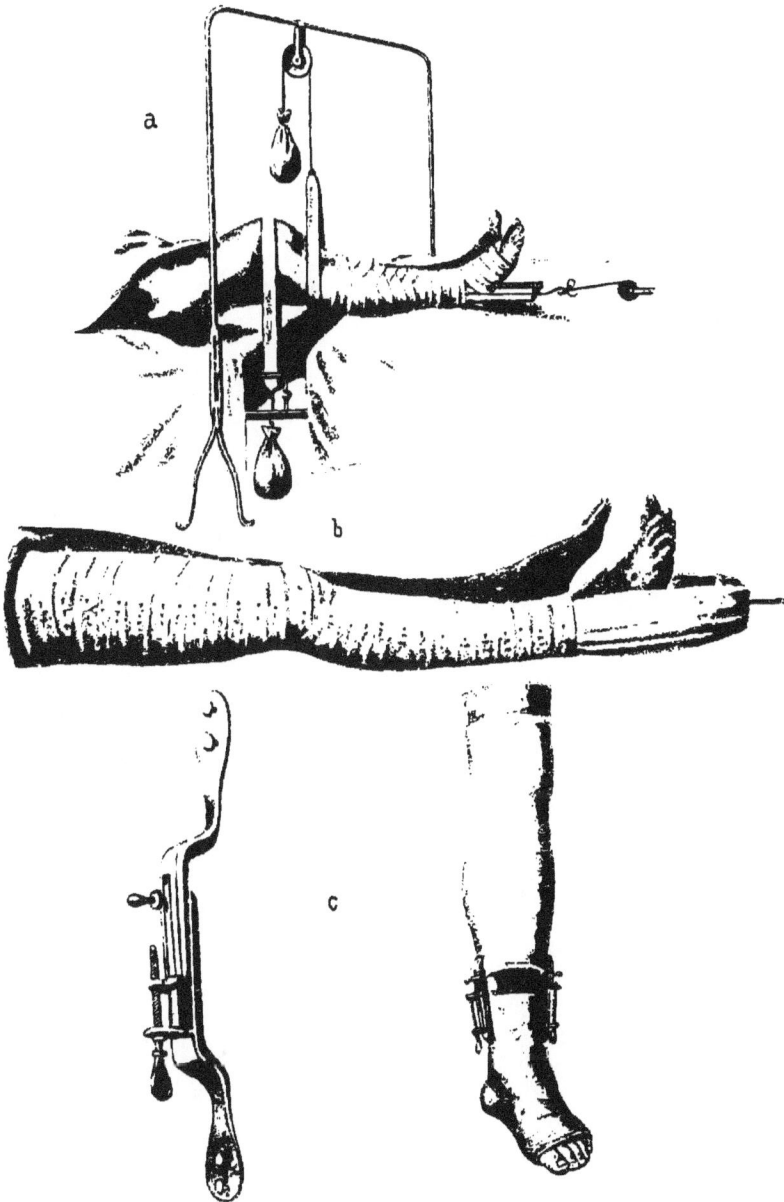

a) Schede's Methode zur Streckung von Kniegelenkeverkrümmungen unter Zuhülfenahme mehrfacher Heftpflasterzüge. b) v. Volkmann's Stecknadelverband. c) Zug vermittelst des Contensivverbandes.

an einem Gliede dauernd zu erhalten. Sie müssen sich dazu genau der Oberfläche des Gliedes anschmiegen und müssen sich ferner an den Enden dieser letzteren anstemmen können. Man legt deshalb die zur Einhaltung einer Extensionsstellung bestimmten Contentivverbände so an, dass sie beiderseits an hervorragenden Teilen des Gliedes einen Stützpunkt finden. So lässt man z. B. einen extendierenden Gypsverband am Unterschenkel bis über die Malleolen herab und über die Condylen der Tibia hinaufsteigen, damit er, an den genannten Knochenpunkten sich anstemmend, einerseits extendieren, andererseits contraextendieren kann. Wo hervorragende Körperteile fehlen oder nicht genügende Angriffspunkte gewähren, schafft man dem extendierenden Verband durch B e u g u n g d e s z u n ä c h s t l i e g e n d e n G l i e d a b- s c h n i t t e s, welches dann mit in den Verband aufzunehmen ist, einen hinreichenden Halt. Könnte man also, um auf das vorige Beispiel zurückzukommen und den Worten H e i n c k e 's, dem wir diese Technik verdanken, zu folgen, die Gelenkknorren des Knies nicht als Contraextensionspunkte benützen, so würde man den Verband bei rechtwinklig gebeugtem Knie über den Oberschenkel fortsetzen und den hinteren Umfang des Unterschenkelverbandes sich gegen die w o h l g e p o l s t e r t e hintere Fläche des Oberschenkels anstemmen lassen.

Um die Extension noch besser mit dem Contentivverbande zu verbinden, sind eine ganze Reihe sinnreicher E x t e n s i o n s s c h i e n e n erfunden worden, welche in den unterbrochen angelegten Contentivverband mit eingegypst werden. Wir erwähnen hier als Beispiel die S c h r a u b e n- s c h i e n e n Heine's. Aus der Tafel a und b ist wohl ohne weiteres ersichtlich, wie sich diese Schraubenschienen verlängern lassen und es dadurch ermöglichen, die beiden Gypskapseln allmählich mehr und mehr von einander zu entfernen. (Tafel 123c.)

Zu den hierhergehörigen Verbänden ist auch der sog.

Gehverband

zu zählen.

Die Gehverbände sind zu dem Zwecke angegeben

worden, um bei frischen Frakturen den Patienten sofort
das Gehen zu gestatten. Wir beschreiben die Methode
nach den Vorschriften von F. Krause, der die Methode
bei uns eingeführt und im wesentlichen ausgebildet hat.

Soll der Patient sich schon wenige Tage nach
der Verletzung auf sein gebrochenes Glied stützen
können, so muss sich der Gypsverband so genau allen
Umrissen des Gliedes anschmiegen, dass er dessen Form
wie im Modell wiedergibt. Dabei darf er natürlich nirgends drücken; es erfordert daher das Anlegen eines
solchen Verbandes grosse Uebung.

Man legt zunächst ohne jede Wattepolsterung eine
Mullbinde in doppelter Lage auf die Haut und wickelt
dann über diese die Gypsbinden. Während des Ab-
wickelns der feuchten Gypsbinden muss jedes Zerren vermieden werden, auch thut man gut, bei mangelnder
Uebung mit den ersten Binden keine Umschläge zu
machen, sondern sie lieber durchschneiden zu lassen.
Durch sorgsames Streichen werden während des Um-
legens der Binden die einzelnen Schichten in innige Berührung gebracht und genau der Form des Gliedes an-
geschmiegt. Der Sohlentheil wird durch Longuetten ver-
stärkt. Der Verband reicht von den Köpfchen der Mittel-
fussknochen bis über die Mitte des Oberschenkels hinauf.
Bei Unterschenkelfrakturen im unteren Drittel kann das
Kniegelenk durch ein Charnier beweglich gestellt werden.
Ein solcher Verband soll die Körperlast tragen, er muss
daher genügend stark gemacht werden. Aber trotzdem
giebt er genau die Contouren des Beines wieder, wenn
man nur überall ungefähr gleich viele Bindenschichten
übereinanderlegt. Man kann daher auch im Verbande
sehr gut die Stellung der Bruchenden beurteilen.

Das Kniegelenk wird in ganz leichte Beugung gebracht, der Fuss muss vollkommen rechtwinklig zum
Unterschenkel, eher noch in leichter Dorsalflexion, ferner
in mittlerer Lage zwischen Supination und Pronation, eher
etwas mehr in Supination stehen.

Der Verletzte bleibt nach Anlegung des Gypsverbandes noch ein- bis zweimal 24 Stunden im Bett. Wird

nach dieser Zeit alles in Ordnung befunden, so soll der
Kranke unter Benutzung des verletzten Gliedes
umhergehen. Hierbei ist man etwas von der Willens-
kraft der betreffenden Leute abhängig. Manche gehen
sofort an zwei Stöcken oder am v. Volkmann'schen
Bänkchen, andere müssen zunächst gestützt werden, bis
sie das ängstliche Gefühl, sie könnten sich Schaden thun,
überwunden haben. Mit Geduld bringt man aber auch
schüchterne Gemüter dazu, fest auf das zerbrochene Glied
aufzutreten. Ein Zwang wird nie ausgeübt, die Kranken
überzeugen sich sehr schnell selbst von den Vorteilen
der ambulanten Behandlung.

Empfinden sie an der Bruchstelle überhaupt Schmerzen,
so sind diese gewöhnlich nicht erheblich und pflegen bei
fortgesetztem Gebrauch abzunehmen. Die Zehen schwellen
beim Umhergehen zuweilen an, was ja auch schon beim
Hängenlassen des verletzten Beines eintreten kann; das
Oedem verschwindet aber, wenn der Verband nirgends
einen schädlichen Druck ausübt, in der Rückenlage. Daher
wird der Kranke angewiesen, jedesmal wenn er sich setzt,
das verletzte Glied hochzulegen. Man kann die Leute
mit einem passenden Schuh sehr gut auch auf der Strasse
umhergehen lassen.

Bei einfachen Frakturen könnte der Verband bis zur
vollendeten Konsolidation liegen bleiben. Es ist indessen
doch besser, ihn in etwa 14 Tagen zu wechseln, um zu
sehen, ob die Dislokation auch wirklich völlig ausge-
glichen ist.

c) Der Zug durch Schienen und Apparate.

Der Zug unter Vermittelung von Schienen wurde
von den älteren Autoren dadurch hergestellt, dass dieselben Schienen, in der Regel aus Holz, an der Aussenseite der Extremität anbrachten und nun mit Hilfe von
Schlingen das centrale und periphere Ende des Gliedes
gegen die das Glied an beiden Enden überragende
Schiene heranzuziehen suchten. Diese Extensionsschienen
belästigten dann in der Regel den Patienten durch
schmerzhaften Druck mehr als sie nützten. Erst in
neuerer Zeit sind fortschreitenden mit der Technik

brauchbare Schienen konstruiert worden, und diese finden
denn jetzt auch, namentlich bei der Behandlung der Frakturen und Deformitäten der unteren Extremitäten aus-
giebige Verwendung.

Die bekanntesten der Extensionsschienen sind folgende:
1) Die T a y l o r'sche Schiene; sie besteht aus einem
Beckengürtel mit zwei Perinealgurten und einer äusseren
Extensionsschiene, welche durch ein Zahnrad und Trieb-
schlüssel beliebig verlängert werden kann. Die Extensionsschiene biegt sich unten rechtwinklig um und
bildet so eine, von der Fusssohle 2—3 cm abstehende,
mit Gummi gepolsterte Gehfläche. An dieser Gehfläche
befinden sich zwei Riemen. Man klebt nun zu beiden
Seiten des zu extendierenden Beines handbreite, unten
mit einer Schnalle versehene Heftpflasterstreifen an,
schnallt den Beckengürtel und die Perinealgurte zu
und schnallt schliesslich die Riemen der Gehfläche des
Apparates an die Schnallen des Heftpflasters an. Den
Oberschenkel umfasst eine Lederkappe. Da der Apparat
den Fuss überragt, so muss die Stiefelsohle der gesunden
Seite entsprechend erhöht werden. (Tafel 124a.)

2) Die T h o m a s'sche Schiene besteht aus einem
Sitzring, auf dem der Patient reitet, und zwei Seitenschienen, die unten rechtwinklig umbiegen und vereinigt
einen Steigbügel bilden. Mittelst eines Extensionszügels
wird der Fuss gegen die Steigbügelplatte angezogen.
(Tafel 124b.)

3) Die H e u s n e r'sche Schiene besteht aus zwei
an der Knie- und Knöchelgegend mit Scharnieren versehenen Seitenschienen, die oben einen Sitzring tragen
und unten an einer Sohle aus Stahlblech befestigt sind.
Fussplatte und Seitenspangen sind mit weichem Filz gepolstert. Der Sitzring, ebenfalls mit Filz gefüttert, wird
noch mit weichem Leder überzogen. (Tafel 124c.)

4) Die L i e r m a n n'sche Schiene ist eine Modifikation einer zuerst von H a r b o r d t erfundenen Schiene.
Sie wird an die innere Seite des Beines angelegt.
Die Extension geschieht, wie die Abbildung zeigt, mittelst
einer Flügelschraube, die nach Erzielung des erforder-
lichen Zuges leicht entfernt werden kann. (Tafel 125a.)

Tafel 124.

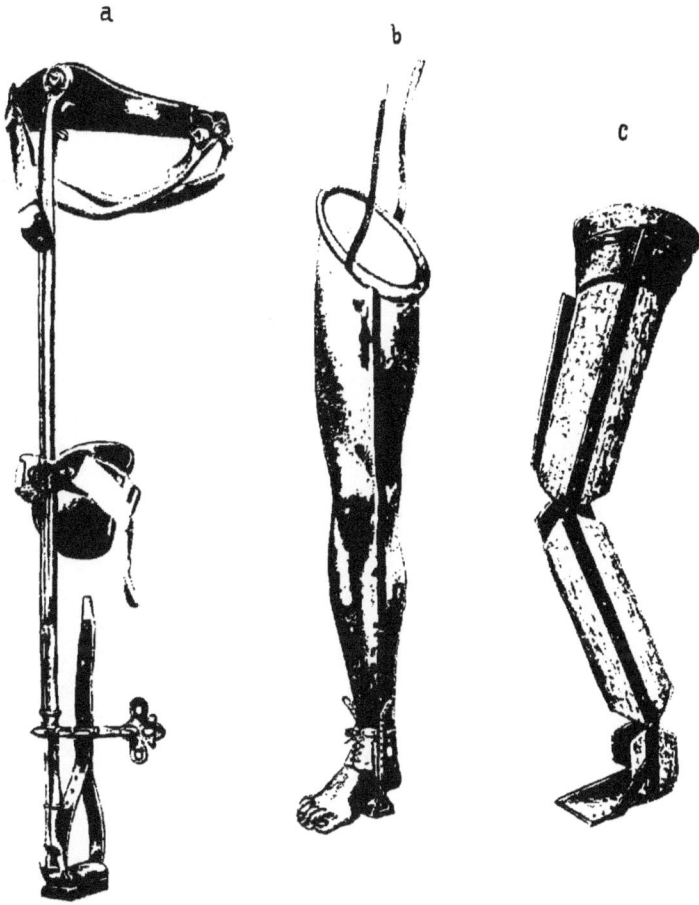

a) Taylor'sche Extensionsschiene. b) Thomas'sche Schiene.
c) Heusner'sche Schiene.

a   b

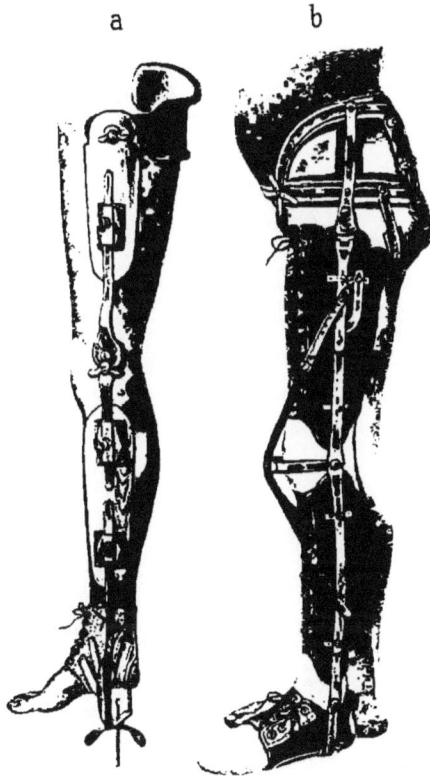

a) Liermann'sche Schiene.
b) Hessing'scher Schienhülsenapparat.

109

5) Die Bruns'sche Schiene ist diejenige, welche dem Praktiker wohl die besten Dienste leisten wird. Sie ist zugleich eine Geh- und eine Lagerungsschiene und besteht im wesentlichen aus zwei seitlichen Stäben, einem Sitzringe und einem Steigbügel. Das Bein ruht hinten auf einigen breiten Leinwandstreifen, die zwischen den für verschiedene Grösse einstellbaren Stäben ausgespannt sind; vorne geschieht die Befestigung mit einigen schmalen Gurten. Nehmen wir einen Fall von Schrägbruch im oberen Drittel des Oberschenkels an, so wird die Schiene z u n ä c h s t a l s L a g e r u n g s - a p p a r a t verwendet, um für zwei Wochen zuerst eine kräftige Extension ausüben zu können. An das Bein werden beiderseits Heftpflasterstreifen angeklebt, die durch Vermittlung von Bändern gegen den Steigbügel angezogen werden. An den Steigbügel wird ein Fuss-brett befestigt, welches eine Rolle zum Ueberleiten der Gewichte trägt. (Tafel 126.)

Wie bei der gewöhnlichen Gewichtsextension werden nun die Gewichte angehängt. Nach etwa 2 Wochen wird die Extension entfernt, ein leichter Gypsverband von den Zehen bis zur Leiste umgewickelt und darüber die Schiene wieder angelegt. Nunmehr fällt das Fuss-brett weg; der Steigbügel wird so gestellt, dass er etwas von der Fusssohle absteht, das Bein wird durch die Streifen gegen den Steigbügel gezogen, die Contra-extension aber dadurch gebildet, dass der Sitzring sich gegen das Tuber ischii anstemmt.

Jetzt vermag der Patient in dem Apparat umherzu-gehen und ist somit nicht mehr an das Bett gefesselt. (T.126.)

6) Unbedingt die beste aller Extensionsschienen ist der H e s s i n g'sche S c h i e n e n h ü l s e n a p p a r a t. Wie der Name sagt, besteht der Apparat aus Hülsen, die über einem Modelle der Extremität gefertigt werden und an den Hülsen festgeschraubten, aber leicht verstellbaren Schienen. Die Extension geschieht dadurch, dass die Schienen erst festgeschraubt werden, während der Ober- und Unterschenkel, sowie der Fuss manuell bei maximaler Streckung in die Hülsen hineingelegt worden

sind. Diese Extensionsstellung wird dann dadurch aufrecht erhalten, dass sich die wohlgepolsterte Oberschenkelhülle gegen das Tuber ossis ischii anstemmt, während der Fuss durch einen sog. Fersenzug fest gegen den geschmiedeten Sohlenteil der Fusshülse, das Fussblech angedrückt wird. In der Regel verbindet man den Apparat noch mit einem festsitzenden Beckengürtel. (Tafel 125 b.)

d) Druckverbände.

Druckverbände werden vielfach verwendet, teils zur Beseitigung chronischer Entzündungsprodukte, teils zur Beseitigung von ödematösen Anschwellungen der Glieder, weiterhin zur Bekämpfung variköser Venenerweiterungen, zur Beseitigung von Gelenkergüssen u. s. w.

Bei jedem Druckverbande soll man mit der Einwickelung des Gliedes an der Peripherie desselben beginnen und die Binden nach dem Centrum hin unter gleichmässigem Druck so anlegen, dass jede folgende Tour die vorhergehende mindestens zu zwei Dritteln deckt.

An der unteren Extremität erstrebt man einen gleichmässigen Druck vielfach durch Verwendung von Gummibinden. Diese Gummibinden soll man nicht auf die blosse Haut legen, soll vielmehr als Unterlage stets erst eine Mullbinde benützen. Man darf die Binden ja nicht zu fest anlegen, weil sonst Zirkulationsstörungen entstehen.

Einen gleichmässigen Druck auf die untere Extremität erzielt man auch durch Anwendung von Gummistrümpfen, von denen die von M. Senftleben in Vegesack fabrizierten nahtlosen Patent-Gummistrümpfe unbedingt am meisten zu empfehlen sind, da sie nicht die Hautausdünstung verhindern und beliebig gewaschen werden können.

Druckverbände für die Gelenke zur Beförderung der Resorption von Gelenkergüssen legt man so an, dass man zunächst das ganze Glied von der Peripherie bis zum Centrum einwickelt, dass man dann um das Gelenk selbst zuerst eine Flanellbinde und über diese dann

Tafel 126.

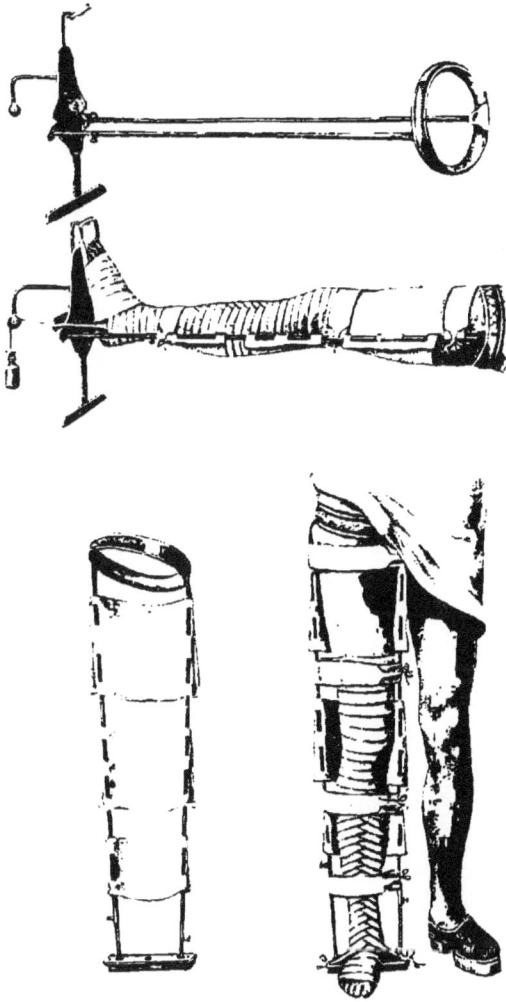

P. Bruns'sche Extensionsschiene und Lagerungsapparat.

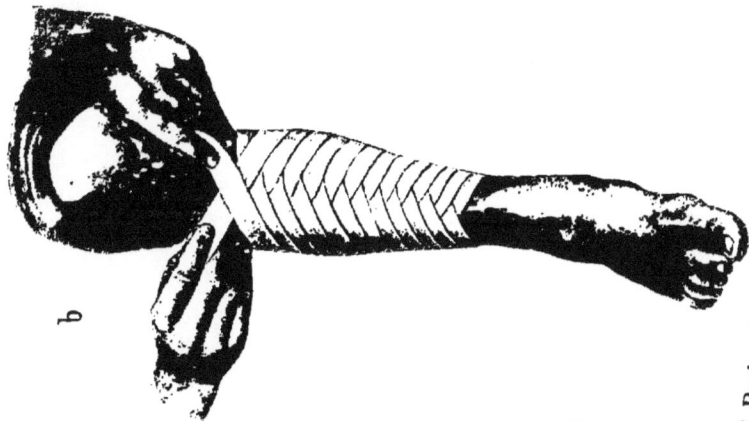

b

a) Fricke'scher Heftpflasterverband bei Orchitis und Periorchitis.
b) Baynton'sche Heftpflastereinwickelung bei Ulcus cruris.

noch eine Gummibinde anwickelt. Ein starker Druck ist zu vermeiden. Am besten wirkt ein mässiger, aber anhaltender Druck.

Zur forcierten Kompression des Kniegelenkes nach v. Volkmann bei Hydrops des Gelenkes oder bei Bursitis praepetellaris legt man zuerst die schon beschriebene Holzschiene in die Kniebeuge zum Schutz der Nerven und Gefässe der Kniekehle und wickelt dann das Knie fest mit Binden ein. Der Verband bleibt 2—3 Tage liegen, auch wenn sich Oedeme bilden und lebhafte Schmerzen entstehen.

Eine andere Art der elastischen Kompression ist die mittelst Schwämmen ausgeübte. Geeignete Badeschwämme von entsprechender Form, die gut gereinigt, in warmes Wasser getaucht und wieder gut ausgedrückt sind, werden auf die zu drückende Körperstelle aufgelegt und mit Binden fest angewickelt. Zur Erzielung eines lokalisierten Druckes kann man wohl auch einen Gypsverband anlegen, an der betreffenden Stelle ein Fenster ausschneiden, dieses mit keilförmigen dicken Schwammstücken ausfüllen und darüber eine Gummibinde fest anwickeln.

Vielfach bedient man sich des Heftpflasters zur Kompression.

So sind z. B. recht beliebt die Fricke'schen Heftpflastereinwickelungen (Taf. 127a) bei der acuten Orchitis und Periorchitis. Man isoliert den kranken Hoden, indem man ihn mit der linken Hand umfasst und vom andren Hoden abdrängt, sodass er eiförmig absteht. Nun legt man zunächst an der Wurzel des abgedrängten Hodens unter leichtem Druck einen etwa fingerbreiten Heftpflasterstreifen circulär um. Von dieser ersten Tour aus legt man nun etwa fingerbreite Längsstreifen aus Heftpflaster dachziegelförmig so über den Hoden, dass die Streifen von einem Punkt der ersten Tour ab über den Scheitel des Hodens fort- und nach dem entgegengesetzten Punkte der anderen Seite hinlaufen. Man legt so viele Streifen an, dass der Hoden völlig abgeschlossen ist. Schliesslich legt man zur Befestigung der Längsstreifen noch eine Kreistour an der Wurzel des Hodens an, welche die erste Kreistour deckt. Schwillt der Hoden ab, so dass der Verband locker wird, so wird ein neuer Verband angelegt.

Ein weiterer zweckmässiger, mittelst Heftpflaster-streifen (Tafel 127 b) auszuführender Druckverband ist der Baynton'sche Heftpflasterverband, den man braucht, wenn man die Ueberhäutung granulierender Flächen, namentlich von Geschwüren, beschleunigen will. Man legt die Mitte eines etwa fingerbreiten Heftpflaster-streifens an der dem Geschwür entgegengesetzten Seite des Gliedes an, nimmt jedes Ende des Streifens in eine Hand und kreuzt nun beide Streifen mit kräftigem Zuge auf der granulierenden Fläche. Die Streifen müssen etwa 1½mal so lang sein als der Umfang des Gliedes beträgt. Man beginnt am peripheren Rand der zu deckenden Fläche und legt nun die einzelnen Streifen aufsteigend so an, dass sie sich dachziegelförmig zu etwa ²/₃ decken. Der Verband muss die ganze Geschwürs-fläche decken; über das Heftpflaster legt man eine dicke Schicht Watte und wickelt das ganze mit einer Binde gut ein. Der Verband bleibt 2—5 Tage liegen und wird dann erneuert; er ist von ausgezeichneter Wirkung.

Schliesslich wollen wir noch den ebenfalls recht brauchbaren Gibney'schen Heftpflasterverband zur Behandlung der Distorsionen des Fussgelenkes be-schreiben. (Tafel 128.)

Nehmen wir an, es handelte sich um eine schwere Distorsion des Fussgelenkes mit Zerreissung der Bänder an der äusseren Seite des Gelenkes, so wird der Ver-band, wenn der Patient alsbald nach geschehener Ver-letzung in unsere Behandlung tritt, sofort angelegt. Ist dagegen schon längere Zeit nach dem Unfall verstrichen und ist dann, wie gewöhnlich, eine stärkere Schwellung vorhanden, so wickelt man den Fuss mit einer Flanell-binde ein, legt über diese noch eine Gummibinde und lässt den Fuss dann für 24 Stunden hochlegen. Man verbindet also während dieser Zeit die Elevation des Fusses mit einer elastischen Kompres-

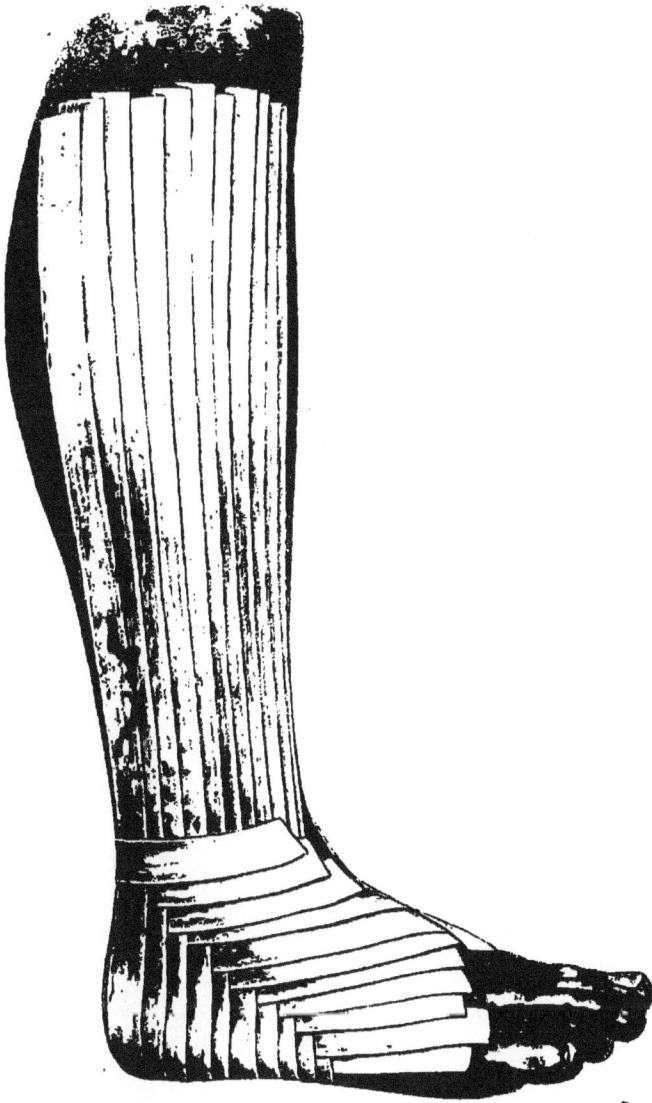

Gibney'scher Heftpflasterverband bei Distorsio pedis.

sion desselben. Nach Ablauf der genannten Frist wird
der Heftpflasterverband angelegt, nachdem vorher noch,
wenn nötig, die restierende Schwellung durch Massage
nach Möglichkeit beseitigt worden war.

Zur Anlegung des Verbandes bedient man sich des
gut klebenden, als Mead's adhesive plaster bekannten,
amerikanischen Heftpflasters. Von dem Heftpflaster
schneidet man sich zweierlei Streifen, l ä n g e r e und
k ü r z e r e, zurecht und hängt die Streifen, damit sie
nicht aneinander kleben, über eine Stuhllehne. Die
Streifen erst während des Anlegens des Verbandes abschneiden zu wollen, ist unzweckmässiger, weil man dann
später einen Assistenten mehr braucht. Das Mass für
die längeren Streifen bestimmt man so, dass man eine
Schnur von der Grenze des mittleren und oberen Drittels
des Unterschenkels aus, an der Aussenseite desselben
herab- und über die Fussohle auf den Fussrücken bis zur
Höhe des gegenständigen Knöchels hinführt. Das Mass
für die kürzeren Streifen nimmt man ebenfalls mit der
Schnur, indem man dieselbe von der Basis der kleinen
Zehe längs des äusseren Fussrandes um die Ferse und längs
des inneren Fussrandes bis zur Basis der grossen Zehe
verlaufen lässt. Die Breite der Streifen ist etwa die
eines erwachsenen Daumens. Man braucht im Durch-
schnitt 10 längere und 10 kürzere Streifen.

Sowohl beim Nehmen des Masses als namentlich
beim Anlegen des Verbandes selbst, ist es u n b e d i n g t
n o t w e n d i g, den F u s s g e n a u i n r e c h t w i n k -
e l i g e r S t e l l u n g z u m U n t e r s c h e n k e l halten
zu lassen; denn nur bei einer solchen Stellung des Fusses
kann der Patient gut gehen; jede auch noch so geringe
Spitzfussstellung hindert die Abwickelung des Fusses vom
Boden und verursacht damit dem Patienten Beschwerden.

Das Anlegen der Streifen geschieht nun folgendermassen: Während ein Gehilfe den Fuss, wie gesagt,
genau in rechtwinkliger Beugestellung hält, klebt man
selbst den e r s t e n l a n g e n Streifen entsprechend der
Tibiakante an der Grenze des oberen und mittleren
Drittels des Unterschenkels an. Der Patient selbst drückt

mit seinen Fingern den Streifen fest an. Der Arzt aber spannt den Streifen an, führt ihn längs der Tibiakante gerade herunter, legt ihn steigbügelartig um die Fusssohle herum und klebt sein Ende auf der inneren Seite des Fussrückens in der Höhe des Malleolus internus und fingerbreit vor demselben, entsprechend etwa der Sehne des Extensor hallucis longus an. Der Streifen muss straff angespannt sein, wenn er richtig liegt. Dieser erste lange Streifen wird nun am Fuss durch den ersten kurzen Streifen fixiert. Dieser letztere wird am äusseren Fussrand, an der Basis der kleinen Zehe beginnend, angeklebt, um die Hacke herum und bis zu der Basis der grossen Zehe hingeführt und fest angeklebt. Liegen diese zwei ersten Streifen, so werden nun die übrigen langen und kurzen Streifen diesen beiden ersten Streifen parallel so angelegt, dass sich die einzelnen Streifen stets dachziegelförmig zur Hälfte decken, so lange bis die ganze Gegend des Malleolus externus bis zum Rand der Achillessehne mit dem Heftpflaster bedeckt ist.

Wenn man dann will, kann man zur Verstärkung des Verbandes noch einige diagonale Streifen anlegen. Unbedingt nötig ist dies aber nicht.

Handelt es sich um eine Distorsion, bei der vorzüglich die inneren Bänder des Fussgelenkes gelitten haben, so werden die Heftpflasterstreifen anstatt auf der äusseren, auf der inneren Seite angelegt, bis die Gegend des inneren Malleolus völlig bedeckt ist.

Ist vorzugsweise das Mittelfussgelenk geschädigt, so legt man die Touren entsprechend dem früher beschriebenen Steigbügelverband an. Man beginnt z. B. mit dem ersten Streifen an der Innenseite der Hacke, führt denselben um die Hacke herum auf und quer über den Fussrücken bis zur Basis der grossen Zehe, wo er an der Sohlenfläche endigt. Der zweite Streifen geht in derselben Weise vom Malleolus externus um die Hacke herum zur Kleinzehenseite und endigt an der Sohle unterhalb der kleinen Zehe. Die folgenden Streifen werden dann, ebenfalls sich zur Hälfte dachziegelförmig deckend, angeklebt, bis der ganze Fuss von den Zehengelenken bis zur oberen Grenze des unteren Drittels des Unterschenkels eingewickelt ist.

In jedem Falle muss eine völlige circuläre Einschnürung des Fussrückens vermieden werden; Circulationsstörungen dürfen nicht entstehen. Liegen alle Streifen, so wickelt man über dieselben eine Cambricbinde und eventuell noch eine steife Gazebinde, und nun kann der Patient sofort seinen Strumpf und Schuh überziehen. Die Patienten können nun selbst mit schweren Distorsionen direkt vom Fleck weggehen, indem sie sich anfangs noch eines Stockes bedienen. Bald aber lernen sie es, auch ohne jede Unterstützung ihren Berufsgeschäften wieder nachzugehen.

Bei leichten Distorsionen genügt ein Verband. Man lässt denselben etwa 8 Tage liegen und massiert dann noch für weitere 8 Tage täglich einmal den Unterschenkel.

Bei schweren Distorsionen mit starker Schwellung und Ecchymosenbildung erneuert man den Verband nach 6—8 Tagen, lässt diesen zweiten Verband noch weitere 8—10 Tage liegen und massiert dann ebenfalls noch etwa eine Woche lang. Einen dritten Verband anzulegen, ist man wohl nie genötigt.

Register.

Verlag von J. F. LEHMANN in MÜNCHEN.

Lehmann's medicin. Handatlanten,

nebst kurzgefassten Lehrbüchern.

Herausgegeben von

Prof. Dr. O. Bollinger, Dr. L. Grünwald, Prof Dr. O. Haab, Prof. Dr. H. Helferich, Privatdocent Dr. A. Hoffa, Prof. Dr. E. von Hofmann, Dr. Chr. Jakob, Privatdocent Dr. C. Kopp, Prof. Dr. K. B. Lehmann, Prof. Dr. Mracek, Privatdocent Dr. O. Schäffer, Docent Dr. O. Zuckerkandl,

u. a. m.

Bücher von hohem wissenschaftlichen Werte,

in bester Ausstattung, zu billigem Preise,

das waren die drei Hauptpunkte, welche die Verlagsbuchhandlung bei Herausgabe dieser Serie von Atlanten im Auge hatte. Der grosse Erfolg, die allgemeine Verbreitung (die Bände sind in neun verschiedene Sprachen übersetzt) und die ausserordentlich anerkennende Beurteilung seitens der ersten Autoritäten, sprechen am besten dafür, dass es ihr gelungen ist, ihre Idee in der That durchzuführen, und in diesen praktisch so wertvollen Bänden hohen wissenschaftlichen Gehalt mit vollkommener bildlicher Darstellung verbunden zu haben.

Von Lehmann's medicin. Handatlanten sind Uebersetzungen in dänischer, englischer, französischer, holländischer, italienischer, russischer, schwedischer, spanischer und ungarischer Sprache erschienen.

Verlag von J. F. LEHMANN in MÜNCHEN.

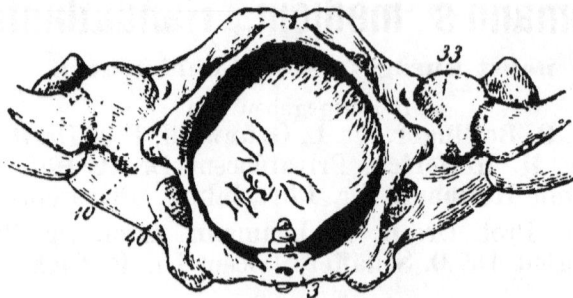

Lehmann's medicin. Handatlanten.

I. Band:

Atlas und Grundriss

der

Lehre vom Geburtsakt

und der operativen

Geburtshilfe

dargestellt in 126 Tafeln in Leporelloart
nebst kurzgefasstem Lehrbuche
von **Dr. O. Schäffer,**
Privatdocent an der Universität Heidelberg.

126 in zweifarbigem Druck ausgeführte Bilder.

Preis elegant gebunden Mk. 5.—.

3. gänzlich umgearbeitete Auflage.

Die Wiener medicinische Wochenschrift schreibt:

— *Die kurzen Bemerkungen zu jedem Bilde geben im Verein mit demselben
eine der anschaulichsten Darstellungen des Geburtsaktes, die wir in der Fach-
literatur kennen.*

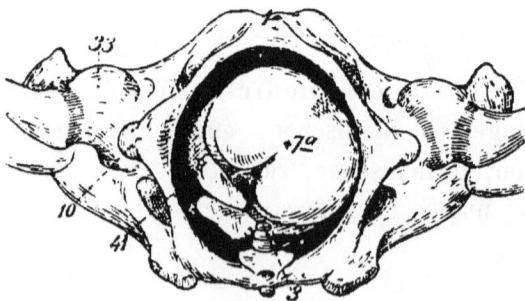

Verlag von J. F. LEHMANN in MÜNCHEN.

Band II:

Atlas u. Grundriss der Geburtshilfe.

II. Teil: Anatomischer Atlas der geburtshilflichen Diagnostik und Therapie. Mit 145 farbigen Abbildungen und 220 Seiten Text. Von Dr. O. Schäffer, Privatdozent an der Universität Heidelberg Preis eleg. geb. ℳ 8.—.

Der Band enthält: Die Darstellung eines jeden normalen und pathologischen Vorganges der Schwangerschaft und der Geburt, und zwar fast ausschliesslich Originalien und Zeichnungen nach anatomischen Präparaten.

Der beschreibende Text ist so gehalten, dass er dem studierenden Anfänger zunächst eine knappe, aber umfassende Uebersicht über das gesamte Gebiet der Geburtshilfe gibt und zwar ist diese Uebersicht dadurch erleichtert, dass die Anatomie zuerst eingehend dargestellt ist, aber unmittelbar an jedes Organ, jeden Organteil, alle Veränderungen in Schwangerschaft, Geburt, Wochenbett angeschlossen, und so auf die klinischen Beobachtungen, auf Diagnose, Prognose, Therapie eingegangen wurde. Stets wird ein Vorgang aus dem andern entwickelt! Hierdurch und durch zahlreich eingestreute vergleichende und Zahlen-Tabellen wird die mnemotechnische Uebersicht sehr erleichtert.

Für Examinanden ist das Buch deshalb brauchbar, weil auf Vollständigkeit ohne jeden Ballast eine ganz besondere Rücksicht verwandt wurde. Für Aerzte weil die gesamte praktische Diagnostik und Therapie mit besonderer Berücksichtigung der Uebersichtlichkeit gegeben wurde, unter Hervorhebung der anatomischen Indicationsstellung; Abbildungen mehrerer anatomischer Präparate sind mit Rücksicht auf forense Benützung gegeben. Ausserdem enthält das Buch Kapitel über geburtshilfliche Receptur, Instrumentarium und Antiseptik.

Die einschlägige normale und pathologische Anatomie ist in einer Gruppe zusammengestellt einschliesslich der Pathologie der Becken, die Mikroskopie ist erschöpfend nach dem heutigen wissenschaftlichen Standpunkte ausgearbeitet.

Jede anatomische Beschreibung ist unmittelbar gefolgt durch die daran anschliessenden und daraus resultierenden physiologischen und klinischen Vorgänge. Der Band enthält somit nicht nur einen ausserordentlich reichhaltigen Atlas, sondern auch ein vollständiges Lehrbuch der Geburtshilfe.

—

Urteil der Presse.

Münchener medicinische Wochenschrift 1894 Nr. 10. Ein Atlas von ganz hervorragender Schönheit der Bilder zu einem überraschend niedrigen Preise. Auswahl und Ausführung der meisten Abbildungen ist gleich anerkennenswert, einzelne derselben sind geradezu mustergiltig schön. Man vergleiche z. B. mit diesem Atlas den bekannten von Auvard; ja selbst gegen frühere Publikationen des Lehmann'schen Verlags medicinischer Atlanten bedeutet das vorliegende Buch einen weiteren Fortschritt in der Wiedergabe farbiger Tafeln. Verfasser, Zeichner und Verleger haben sich um diesen Atlas in gleicher Weise verdient gemacht — und ein guter Atlas zu sein, ist ja die Hauptaufgabe des Buches.

Der Text bietet mehr, als der Titel verspricht: er enthält — abgesehen von den geburtshilflichen Operationen — ein vollständiges Compendium der Geburtshilfe. Damit ist dem Praktiker und dem Studierenden Rechnung getragen, welche in dem Buche neben einem Bilderatlas auch das finden, was einer Wiedergabe durch Zeichnungen nicht bedarf.

Das Werkchen wird wohl mehrere Auflagen erleben. Als Atlas betrachtet, dürfte das Buch an Schönheit und Brauchbarkeit alles übertreffen, was an Taschen-Atlanten überhaupt und zu so niedrigem Preise im besonderen geschaffen wurde.

Verlag von J. F. LEHMANN in MÜNCHEN.

Lehmann's medicin. Hand-Atlanten

Band III:

Handatlas u. Grundriss der Gynäkologie.

In 64 farbigen Tafeln mit erklärendem Text.

Von Dr. O. Schäffer, Privatdozent an der Universität Heidelberg.

Preis eleg. geb. *M.* 10.—.

Der Text zu diesem Atlas schliesst sich ganz an Band I u. II
an und bietet ein vollständiges Compendium der Gynäkologie.

Urteile der Presse:

Medicinisch-chirurg. Central-Blatt 1893 Nr. 35: Der
vorliegende Band der von uns schon wiederholt rühmlich be-
sprochenen Lehmann'schen medicinischen Atlanten bringt eine
Darstellung des gesamten Gebietes der Gynaekologie. Die treff-
lich ausgeführten Abbildungen bringen Darstellungen von klinischen Fällen und anatomischen Präparaten, wobei besonders
hervorzuheben ist, dass jeder einzelne Gegenstand von möglichst
vielen Seiten, also aetiologisch, in der Entwickelung, im secun-
dären Einfluss, im Weiterschreiten und im Endstadium oder der
Heilung dargestellt ist, und dass die Abbildungen von Präparaten
wieder durch schematische und halbschematische Zeichnungen er-
läutert sind. Der Text zerfällt in einen fortlaufenden Teil, der
von rein praktischen Gesichtspunkten bearbeitet ist und in die Er-
klärung der Tafeln, welche die theoretischen Ergänzungen enthält. Ausführliche Darlegungen über den Gebrauch der Sonde,
der Pessarien werden vielen Praktikern willkommen sein. Ein-
gehende Berücksichtigung der Differentialdiagnose, sowie Zusammenstellung der in der Gynaekologie gebräuchlichen Arznei-
mittel, sowie deren Anwendungsweisen erhöhen die praktische
Brauchbarkeit des Buches.

Therapeutische Monatshefte: Der vorliegende Band reiht
sich den Atlanten der Geburtshilfe desselben Autors ebenbürtig an.
Er entspricht sowohl den Bedürfnissen des Studierenden wie denen
des Praktikers. Der Schwerpunkt des Werkes liegt in den Abbildungen. In den meisten Fällen sind diese direkt nach der Natur
oder nach anatomischen Präparaten angefertigt. Manche Zeichnungen sind der bessern Uebersicht wegen mehr schematisch gehalten. Auch die einschlägigen Kapitel aus der Hystologie (Tu-
moren, Endometritisformen etc.) sind durch gute Abbildungen ver-
treten. Besonders gelungen erscheinen uns die verschiedenen
Spiegelbilder der Portio. Jeder Tafel ist ein kurzer begleitender
Text beigegeben. Der 2. Teil des Werkes enthält in gedrängter
Kürze die praktisch wichtigen Grundzüge der Gynaekologie: über-
sichtlich sind bei jedem einzelnen Krankheitsbilde die Symptome,
die differentiell-diagnostisch wichtigen Punkte u. s. w. zusammengestellt. *Feis (Frankfurt a. M.).*

Verlag von J. F. LEHMANN in MÜNCHEN.

Lehmann's medic. Hand-Atlanten.

Band IV:

Atlas der Krankheiten der Mundhöhle,

des Rachens

und

der Nase.

In 69 meist
farbigen Bildern
mit erklärendem
Text von
Dr. L. Grünwald.

Preis eleg. geb.
M. 6.—.

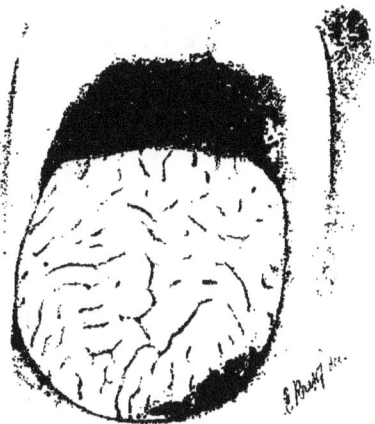

Der Atlas beabsichtigt, eine S c h u l e d e r s e m i o s t i s c h e n D i a -
g n o s t i k zu geben. Daher sind die Bilder derart bearbeitet, dass die
einfache Schilderung der aus denselben ersichtlichen Befunde dem Beschauer die Möglichkeit einer Diagnose bieten soll. Dem entsprechend
ist auch der Text nichts weiter, als die Verzeichnung dieser Befunde,
ergänzt, wo notwendig, durch anamnestische u. s. w. Daten. Wenn dem-
nach die Bilder dem P r a k t i k e r bei der Diagnosenstellung behilflich
sein können, lehrt anderseits der Text den A n f ä n g e r, wie er einen
Befund zu erheben und zu deuten hat.
Von den Krankheiten der M u n d - und R a c h e n h ö h l e sind die
praktisch wichtigen sämtlich dargestellt, wobei noch eine Anzahl seltenerer
Krankheiten nicht vergessen sind. Die Bilder stellen möglichst Typen der
betreffenden Krankheiten im Anschluss an einzelne beobachtete Fälle dar.
Münchener medicin. Wochenschrift 1894, Nr. 7. G. hat von der L e h -
m a n n 'schen Verlagsbuchhandlung den Auftrag übernommen, einen Hand-
atlas der Mund-, Rachen- und Nasen-Krankheiten herzustellen, welcher in
knappester Form das für den Studirenden Wissenswerteste zur Darstellung
bringen soll. Wie das vorliegende Büchelchen beweist, ist ihm dies in an-
erkennenswerter Weise gelungen. Die meist farbigen Bilder sind naturgetreu ausgeführt und geben dem Beschauer einen guten Begriff von den
bezüglichen Erkrankungen. Für das richtige Verständnis sorgt eine jedem
Falle beigefügte kurze Beschreibung. Mit der Auswahl der Bilder muss
man sich durchaus einverstanden erklären, wenn man bedenkt, welch' enge
Grenzen dem Verfasser gesteckt waren. Die Farbe der Abbildungen lässt
bei manchen die Beleuchtung mit Sonnenlicht oder wenigstens einem
weissen künstlichen Lichte vermuten, was besser besonders erwähnt
worden wäre.
Der kleine Atlas verdient den Studirenden angelegentlichst empfohlen
zu werden, zumal der Preis mässig ist. Er wird es ihnen erleichtern, die in
Cursen 'und Polikliniken beim Lebenden gesehenen Bilder dauernd
festzuhalten. K i l l i a n-Freiburg.

Verlag von J. F. LEHMANN in MÜNCHEN.

Lehmann's medicin. Handatlanten.

Band V:

Atlas der Hautkrankheiten.

Mit 90 farbigen Tafeln und
17 schwarzen Abbildungen.

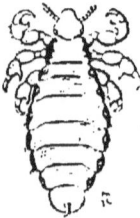

Herausgegeben

von

Dr. Karl Kopp,

Priv.-Doc. a. d. Universität
München.

Preis elegant gebunden
M. 10. —

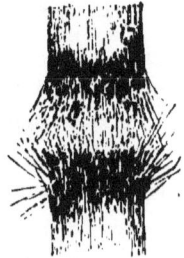

Urteile der Presse:

Allgemeine med. Centralzeitung 1893, Nr. 86.

Für keinen Zweig der Medicin ist die Notwendigkeit bildlicher Darstellung im höheren Grade vorhanden, als für die Dermatologie. Bei der grossen Zahl von Dermatosen ist es ja unmöglich, dass der Studierende während seiner nur zu kurzen Lehrzeit jede einzelne Hautaffection auch nur einmal zu sehen bekommt, geschweige denn Gelegenheit hat, sich eingehend mit ihr vertraut zu machen. Nun ist es ja klar, dass Wortbeschreibungen von einer Hautaffection nur eine höchst unvollkommene Vorstellung vermitteln können, es muss vielmehr bildliche Anschauung und verbale Erläuterung zusammenwirken, um dem Studierenden die charakteristischen Eigenschaften der Affection vorzuführen. Aus diesem Grunde füllt ein billiger Atlas der Hautkrankheiten eine wesentliche Lücke der medicinischen Literatur aus. Von noch grösserer Wichtigkeit ist ein solches Buch vielleicht für den praktischen Arzt, der nur einen Teil der Affectionen der Haut während seiner Studienzeit durch eigene Anschauung kennen gelernt hat, und doch in der Lage sein muss, die seiner Behandlung zugeführten Hautleiden einigermassen richtig zu beurteilen. Aus diesem Grunde gebührt dem Verfasser des vorliegenden Buches Anerkennung dafür, dass er sich der gewiss nicht geringen Mühe der Zusammenstellung des vorliegenden Atlas unterzogen hat; nicht minderen Dank hat sich die geehrte Verlagsbuchhandlung verdient, von der einerseits die Idee zur Herausgabe des Buches ausging, und die andrerseits es verstand, durch den billigen Preis das Buch jedem Arzte zugänglich zu machen. Was die Ausführung der Tafeln anbetrifft, so genügt sie allen Anforderungen; dass manche Abbildungen etwas schematisch gehalten sind, ist unserer Ansicht nach kein Fehler, sondern erhöht vielmehr die Brauchbarkeit des Atlas als Lehrmittel, der hiemit allen Interessenten aufs wärmste empfohlen ist.

Literarisches Centralblatt.

. . . . Besonderes Gewicht wurde neben bester Ausstattung auf einen staunenswert billigen Preis gelegt, der nur bei sehr grosser Verbreitung die Herstellungskosten zahlen kann. Jedenfalls hat die Verlagsbuchhandlung keine Kosten gescheut, um das Beste zu bieten; der Erfolg wird auch nicht ausbleiben.

Prof. Dr. Graser.

Verlag von J. F. LEHMANN in MÜNCHEN.

Lehmann's medicin. Handatlanten.

Band VI:

Atlas der Geschlechtskrankheiten.

Mit 51 farbigen Tafeln und 4 schwarzen Abbildungen.

Herausgegeben von Dr. **Karl Kopp**, Privatdocent

a. d. Universität München

Preis elegant gebunden Mk. 7.—.

Der ärztliche Praktiker. Im Anschluss an den Atlas der Hautkrankheiten ist rasch der der Geschlechtskrankheiten von demselben Verfasser mit gleichen Vorzügen vollendet worden. 53 farbige und 4 schwarze Abbildungen bringen die charakteristischen Typen der syphilitischen Hauteffloreszenzen zur Darstellung, begleitet von einem kurzen beschreibenden Text. Nicht ohne triftigen Grund schickt der Autor den Abbildungen und deren Beschreibungen einen gedrängten Übersichtsartikel über den gegenwärtigen Stand der Venereologie voraus. Denn gar manche Anschauungen haben sich durch die Forschungen geändert, manche sind bis auf den heutigen Tag noch streitig geblieben. Die beiden Atlanten bilden einen für die Differenzierung der oft frappant ähnlichen Bilder spezifischer Natur unentbehrlichen Ratgeber. A. S.

Zeitschrift für ärztliche Landpraxis 1894. Nr. 1. Im Anschluss an den Atlas der Hautkrankheiten (besprochen in der Dezembernummer 1893, S. 384) ist der vorliegende Atlas der Geschlechtskrankheiten erschienen. Auch dieser Band wird dem Praktiker äusserst willkommen sein, und im vollen Masse die Absicht des Verf. erfüllen, eine zu jedem der zahlreichen Lehrbücher passende, jedermann zugängliche illustrative Ergänzung darzustellen und ein zweckmässiges Unterstützungsmittel für den Unterricht und das Privatstudium abzugeben.

Medico. Der vorliegende 6. Band der Lehmann'schen medicinischen Handatlanten, die wir bereits bei früherer Gelegenheit der Beachtung ärztlicher Kreise empfohlen haben, bringt eine Zusammenstellung von Chromotafeln aus dem Gebiete der venerischen Erkrankungen. Die Abbildungen sind im allgemeinen recht gut gelungen und sehr instruktiv; die wenigen Zeilen, die als Text den Bildern beigegeben sind, reichen vollkommen aus, da die Abbildungen selbst sprechen und weitläufigere Erklärungen überflüssig machen. Der Atlas bildet ein zweckmässiges Unterstützungsmittel für den Unterricht sowohl, wie für das Privatstudium und dürfte dem Arzte als Ergänzungswerk zum Lehrbuch der geschlechtlichen Krankheiten willkommen sein.

Centralblatt f. d. Krankh. d. Harn- u. Sexualorgane 1894 Nr. 9. . . . Die einzelnen Abbildungen sind in vollkommener Weise hergestellt und durch vorausgeschickte kurze Skizzen des Verlaufes und der Bedeutung der in dem Atlas wiedergegebenen venerischen Affektion verständlich gemacht. Das Werk wird jedem Arzte und Studirenden ein nützliches Hilfsbuch für seine Studien sein.

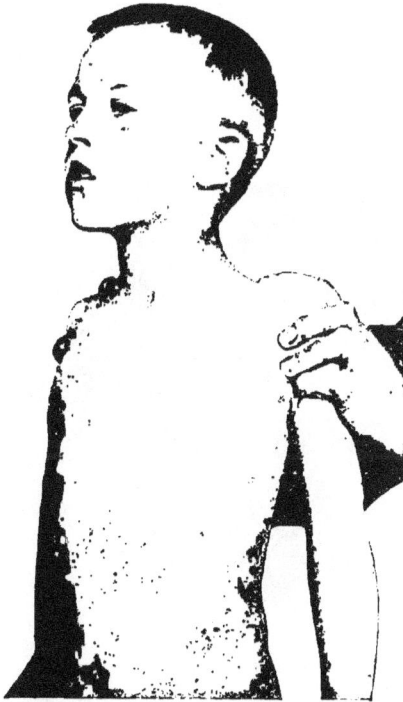

Verlag von J. F. LEHMANN in MÜNCHEN.

Lehmann's medic. Handatlanten.

Band IX:

ATLAS

des gesunden u. kranken Nervensystems

nebst Grundriss der Anatomie, Pathologie und Therapie desselben

von

Dr. Christfried Jakob,

prakt. Arzt in Bamberg, s. Z. I. Assistent der medicin. Klinik in Erlangen.
Mit einer Vorrede von *Prof. Dr. Ad. v. Strümpell*, Direktor der medicin.
Klinik in Erlangen.

*Mit 105 farbigen und 120 schwarzen Abbildungen sowie 284 Seiten
Text und zahlreichen Textillustrationen.*

Preis eleg. geb. Mk. 10.—

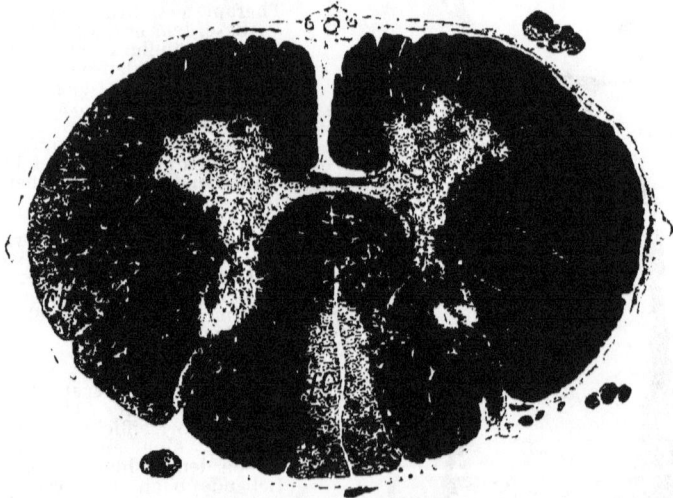

**Prof. Dr. Ad. von Strümpell schreibt in seiner Vorrede zu
dem vorliegenden Bande:** Jeder unbefangene Beurteiler wird, wie ich glaube,
gleich mir den Eindruck gewinnen, dass die Abbildungen Alles leisten, was man von
ihnen erwarten darf. Sie geben die thatsächlichen Verhältnisse in deutlicher und anschaulicher Weise wieder und berücksichtigen in grosser Vollkommenheit fast alle
die zahlreichen und wichtigen Ergebnisse, zu denen das Studium des Nervensystems
in den letzten Jahrzehnten geführt hat. Dem Studierenden sowie dem mit diesem
Zweige der medicinischen Wissenschaft noch nicht näher vertrauten praktischen
Arzt, ist somit die Gelegenheit geboten, sich mit Hilfe des vorliegenden Atlasses ver-
hältnismässig leicht ein klares Bild von dem jetzigen Standpunkte der gesamten
Neurologie zu machen.

In Vorbereitung befinden sich:

Wandtafeln für den neurologischen Unterricht.

Herausgegeben von

Prof. Dr. Ad. v. Strümpell   **Dr. Chr. Jakob**
in Erlangen.   und   in Bamberg.

15 Tafeln im Format von 80 cm zu 100 cm.

Preis in Mappe Mk. 50.—.

Der Text in den Bildern ist lateinisch.

Verlag von J. F. LEHMANN in MÜNCHEN.

Lehmann's medicin. Handatlanten.

Band X.

Atlas und Grundriss der Bakteriologie
und
Lehrbuch der speciellen bakteriolog. Diagnostik.

Von

Prof. **Dr. K. B. Lehmann** und **Dr. R. Neumann**
in Würzburg.

Bd. I Atlas mit 558 farb. Abbildungen auf 63 Tafeln, Bd. II
Text 450 Seiten mit 70 Bildern.
Preis der 2 Bände eleg. geb. Mk. 15.—

Münch. medic. Wochenschrift 1896 Nr. 23. Sämtliche Tafeln sind mit
ausserordentlicher Sorgfalt und so naturgetreu ausgeführt, dass sie ein
glänzendes Zeugnis von der feinen Beobachtungsgabe sowohl, als auch
von der künstlerisch geschulten Hand des Autors ablegen.

Bei der Vorzüglichkeit der Ausführung und der Reichhaltigkeit der
abgebildeten Arten ist der Atlas ein wertvolles Hilfsmittel für die Diagnostik, namentlich für das Arbeiten im bakteriologischen Laboratorium, indem es auch dem Anfänger leicht gelingen wird, nach demselben die
verschiedenen Arten zu bestimmen. Von besonderem Interesse sind in
dem 1. Teil die Kapitel über die Systematik und die Abgrenzung der
Arten der Spaltpilze. Die vom Verfasser hier entwickelten Anschauungen
über die Variabilität und den Artbegriff der Spaltpilze mögen freilich bei
solchen, welche an ein starres, schablonenhaftes System sich weniger
auf Grund eigener objektiver Forschung, als vielmehr durch eine auf
der Zeitströmung und unerschütterlichem Autoritätsglauben begründete
Voreingenommenheit gewöhnt haben, schweres Bedenken erregen.
Allein die Lehmann'schen Anschauungen entsprechen vollkommen
der Wirklichkeit und es werden dieselben gewiss die Anerkennung
aller vorurteilslosen Forscher finden. — —

So bildet der Lehmann'sche Atlas nicht allein ein vorzügliches
Hilfsmittel für die bakteriologische Diagnostik, sondern zugleich einen bedeutsamen Fortschritt in der Systematik und in der Erkenntnis des Artbegriffes bei den Bakterien. Prof. Dr. Hauser.

Allg. Wiener medicin. Zeitung 1896 Nr. 28 Der Atlas kann als ein sehr
sicherer Wegweiser bei dem Studium der Bakteriologie bezeichnet werden
Aus der Darstellungsweise Lehmann's leuchtet überall gewissenhafte
Forschung, leitender Blick und volle Klarheit hervor.

Pharmazeut. Zeitung 1896 S. 471/72. Fast durchweg in Originalfiguren
zeigt uns der Atlas die prachtvoll gelungenen Bilder für
den Menschen pathogenen, der meisten tierpathogenen und sehr vieler
indifferenter Spaltpilze in verschiedenen Entwickelungsstufen.

Trotz der Vorzüglichkeit des „Atlas" ist der „Textband" die
eigentliche wissenschaftliche That.

Für die Bakteriologie hat das neue Werk eine neue, im Ganzen
auf botanischen Prinzipien beruhende Nomenklatur geschaffen und diese
muss und wird angenommen werden. C. Mez - Breslau.

Verlag von J. F. LEHMANN in MÜNCHEN.

Lehmann's medic. Hand-Atlanten.

Band XI XII:

Atlas u. Grundriss der patholog. Anatomie.

In 120 farbigen Tafeln nach Originalen von Maler A. Schmitson.
Von Obermedicinalrat Professor **Dr. O. Bollinger.**

Prof. Bollinger hat es unternommen, auf 120 durchwegs nach Original-Präparaten des pathologischen Institutes in München aufgenommenen Abbildungen einen Atlas der pathologischen Anatomie zu schaffen und diesem durch Beigabe eines concisen, aber umfassenden Grundrisses dieser Wissenschaft, auch die Vorzüge eines Lehrbuches zu verbinden.

Von dem glücklichen Grundsatze ausgehend, unter Weglassung aller Raritäten, nur das dem Studierenden wie dem Arzte wirklich Wichtige, das aber auch in erschöpfender Form zu behandeln, wurde hier ein Buch geschaffen, das wohl mit Recht zu den praktischsten und schönsten Werken unter den modernen Lehrmitteln der medizinischen Disziplinen zählt. Es ist ein Buch, das aus der Sectionspraxis hervorgegangen und daher wie kein anderes geeignet ist, dem secierenden Arzte und Studenten Stütze resp. Lehrer bei der diagnostischen Section zu sein.

Die farbigen Abbildungen auf den 120 Tafeln sind in 15fachem Farbendruck nach Originalaquarellen das Malers A. Schmitson hergestellt und können in Bezug auf Naturwahrheit und Schönheit sich dem besten auf diesem Gebiete geleisteten ebenbürtig an die Seite stellen. Auch die zahlreichen Textillustrationen sind von hervorragender Schönheit. Der Preis ist im Verhältnis zum Gebotenen sehr gering.

Excerpta medica (1896. 12): Der Band birgt lauter Tafeln, die unsere Bewunderung erregen müssen. Die Farben sind so naturgetreu wiedergegeben, dass man fast vergisst, nur Bilder vor sich zu haben. Auch der Text dieses Buches steht, wie es sich bei dem Autor von selbst versteht, auf der Höhe der Wissenschaft, und ist höchst präcis und klar gehalten.

Korrespondenzblatt f. Schweizer Aerzte 1895 24: Die farbigen Tafeln des vorliegenden Werkes sind geradezu mustergiltig ausgeführt. Die complicierte Technik, welche dabei zur Verwendung kam (15 facher Farbendruck nach Original-Aquarellen) lieferte überraschend schöne, naturgetreue Bilder, nicht nur in der Form, sondern eben namentlich in der Farbe, so dass man hier wirklich von einem Ersatz des natürlichen Präparates reden kann. Der praktische Arzt, welcher erfolgreich seinen Beruf ausüben soll, darf die pathol. Anatomie, „dieser Grundlage des ärztl. Wissens und Handelns" (Rokitansky) zeitlebens nie verlieren. — Der vorliegende Atlas wird ihm dabei ein ausgezeichnetes Hilfsmittel sein, dem sich zur Zeit, namentlich wenn man den geringen Preis berücksichtigt, nichts Aehnliches an die Seite stellen lässt. Die Mehrzahl der Tafeln sind reine Kunstwerke; der verbindende Text aus der bewährten Feder Prof. Bollinger's gibt einen zusammenhängenden Abriss der für den Arzt wichtigsten path.-anat. Processe. — Verfasser und Verleger ist zu diesem prächtigen Werke zu gratulieren.

E. Haffter
(Redacteur d. Corr.-Bl. f. Schweizer Aerzte).

Verlag von J. F. LEHMANN in MÜNCHEN.

Lehmann's medicinische Handatlanten

Band XIV.

Atlas und Grundriss

der

Kehlkopfkrankheiten.

Mit 44 farbigen Tafeln mit zahlreichen Textillustrationen nach
Originalaquarellen des Malers Bruno Keilitz

von

Dr. Ludwig Grünwald in München.

Preis elegant geb. Mk. 8.—.

Dem oft und gerade im |Kreise der praktischen Ärzte und
Studierenden geäusserten Bedürfnisse nach einem farbig illustrierten
Lehrbuche der Kehlkopfkrankheiten. dass in knapper Form das
anschauliche Bild mit der im Text gegebenen Erläuterung verbindet entspricht das vorliegende Werk des bekannten Münchener
Laryngologen. Weit über hundert praktisch wertvolle Krankheits-
fälle, nach Naturaufnahmen des Malers Bruno Keilitz, sind
auf den 44 Volltafeln in hervorragender Weise wiedergegeben.
und der Text, welcher sich in Form semiotischer Diagnose an
diese Bilder anschliesst, gehört zu dem instruktivsten. was je über
dieses Gebiet geschrieben wurde.

Band XV.

Atlas und Grundriss

der

inneren Medicin und klinischen Diagnostik

von

Dr. Christfried Jakob, prakt. Arzt in Bamberg,

s. Z. erster Assistent der medic. Klinik in Erlangen.

ca. 15 Bogen Text, 80 farbige Tafeln und zahlreiche Textillustrationen.

Preis elegant geb. Mk. 10.—.

Dieser Band dürfte wegen der ganz ausserordentlich praktischen und anschaulichen Art, in der er fast sämtliche innere
Krankheiten durch Schemata. in welchen die Krankheitsbe-
funde farbig eingetragen sind, illustriert. weiteste Verbreitung
finden. Der Student. der sich für das Examen vorbereitet,
wie der Arzt, der in der Praxis thätig ist. wird ihn gleicher-
massen mit Vorteil benützen.

Verlag von J. F. LEHMANN in MÜNCHEN.

Grundzüge der Hygiene

von **Dr. W. Prausnitz.**

Professor an der Universität Graz.

*Für Studierende an Universitäten und technischen Hochschulen,
Aerzte, Architekten und Ingenieure.*

3. vermehrte und erweiterte Auflage. — Mit 200 Abbildungen.
Preis broch. M. 7.—. eleg. geb. M. 8.—.

Das Vereinsblatt der pfälz. Aerzte schreibt: Dieses Lehrbuch der Hygiene ist in seiner kurz gefassten, aber präcisene Darstellung vorwiegend geeignet zu einer raschen Orientierung über das Gesamtgebiet dieser jungen Wissenschaft. Die flotte, übersichtliche Darstellungsweise, Kürze und Klarheit, verbunden mit selbständiger Verarbeitung und kritischer Würdigung der neueren Monographien und Arbeiten, Vermeidung alles unnötigen Ballastes sind Vorzüge, die gerade in den Kreisen der praktischen Aerzte und Studenten, denen es ja zur Vertiefung des Studiums der Hygiene meist an Zeit gebricht. hoch geschätzt werden.

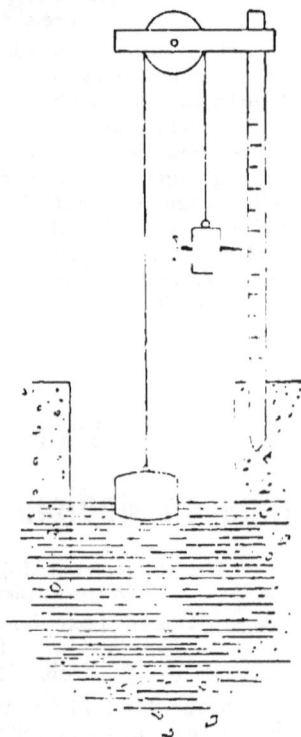

Fortschritte d. Medicin.

Der Autor hat es versucht, in dem vorliegenden Buche auf 473 Seiten in möglichster Kürze das gesamte Gebiet der wissenschaftlichen Hygiene so zur Darstellung zu bringen, dass diese für die Studierenden die Möglichkeit bietet, das in den hygienischen Vorlesungen und Cursen Vorgetragene daraus zu ergänzen und abzurunden. Das Buch soll also einem viel gefühlten und oft geäussertem Bedürfnisse nach einem kurzen Leitfaden der Hygiene gerecht werden

In der That hat Prausnitz das vorgesteckte Ziel in zufriedenstellender Weise erreicht. Die einzelnen Abschnitte des Buches sind alle mit gleicher Liebe behandelt, Feststehendes ist kurz und klar wiedergegeben, Controversen sind vorsichtig dargestellt und als solche gekennzeichnet; selbst die Untersuchungsmethoden sind kurz und mit Auswahl skizziert und das Ganze mit schematischen, schnell orientierenden Zeichnungen zweckmässig illustriert. Referent wäre vollkommen zufrieden, künftig konstatieren zu können, dass die von ihm examinierten Studierenden der Medicin den Inhalt des Buches aufgenommen — und auch verdaut haben.

Halle a. S.   *Renk.*

Verlag von J. F. LEHMANN in MÜNCHEN.

Die typischen Operationen und ihre Uebungen an der Leiche.

Kompendium der chirurgischen Operationslehre.

Vierte erweiterte Auflage

von

Oberstabsarzt **Dr. E. Rotter.**

388 Seiten.

Mit 116 Illustrationen

Eleg. geb. M.8.—.

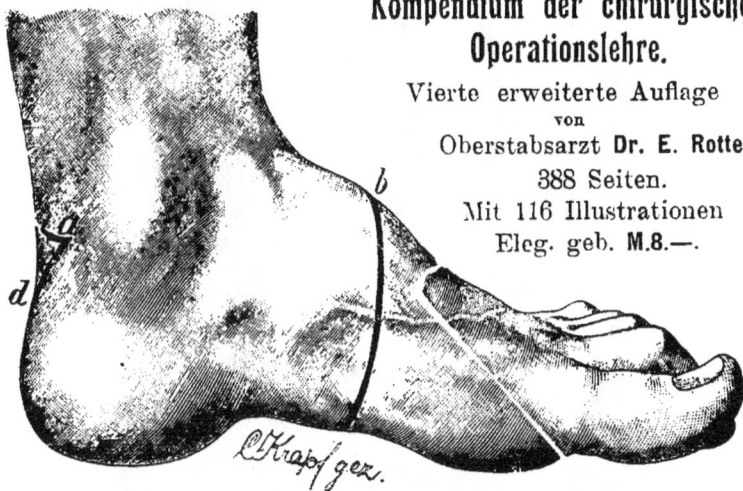

Die **Münchener medic. Wochenschrift** schreibt: Nachdem erst vor relativ kurzer Zeit die 3. Auflage des Rotter'schen Buches hier besprochen wurde' liegt — der beste Beweis für die allgemeine Anerkennung der Vorzüge des Werkchens — schon die 4. Auflage vor. Die klare Anordnung des Stoffes, die kurze präcise Darstellung der verschiedenen Operationen, die sich sowohl von einer zu cursorischen Behandlung, als einem zu detaillierten, in Kleinigkeiten sich verlierenden Ausführen ferne hält, neben der topographischen Anatomie, den speciell bei dem Eingriff zu berücksichtigenden Momenten, doch genügend auf Modificationen, Indication, statistische Verhältnisse eingeht, und dadurch die Lektüre zu einer wesentlich interessanteren macht, lässt, (wie die Aufnahme zeigt) das Werk nicht nur für den studierenden, an der Leiche übenden Arzt, sondern auch für den praktisch thätigen Collegen, speciell den Feldarzt, ein treffliches Hilfsbuch sein. Die klaren hübschen Holzschnitte in anschaulicher Grösse und reicher Zahl eingefügt, erhöhen die Brauchbarkeit des Büchleins wesentlich; ebenso wird die Anführung einer Reihe anscheinend kleinerer Momente, Verbesserungen etc., wie sie z. B. für den Feldgebrauch angegeben wurden, sowie einer Reihe von Ratschlägen hierin competenter Autoritäten, speciell von Nussbaums, von vielen sehr geschätzt werden.

Referent zweifelt nicht, dass das Werkchen, das die neuesten Operationen und operativen Modificationen völlig berücksichtigt und somit durchaus auf modernem Standpunkt steht, zu seinen bisherigen Freunden sich noch zahlreiche neue erwerben wird. Die hübsche Ausstattung macht das Buch auch äusserlich zu einem sehr handlichen. Ein ausführliches Autoren- und Sachregister ist nicht minder als Vorzug anzuerkennen.   Schulter.

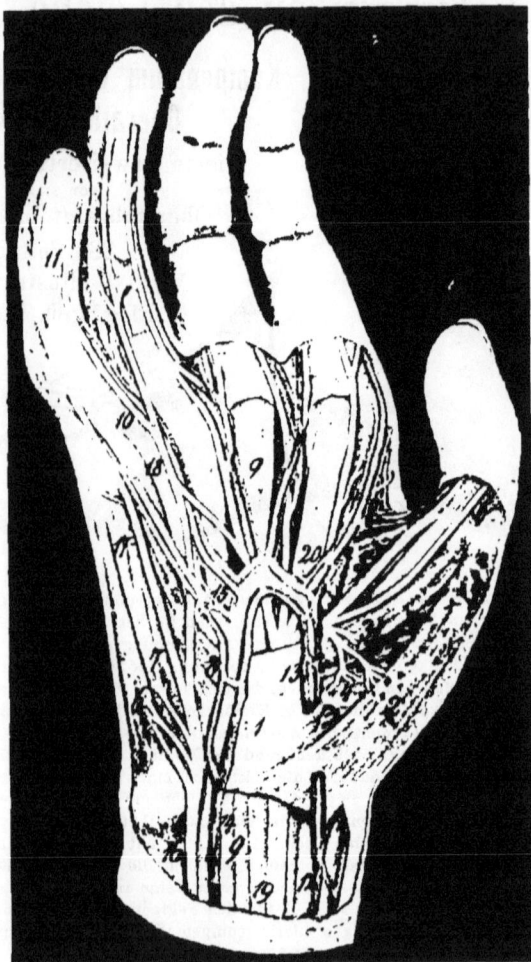

Verlag von J. F. LEHMANN in MÜNCHEN.

Geburtshülfliche Taschen-Phantome.

Von Dr. K. Shibata.

Mit einer Vorrede von **Professor Dr. Frz. von Winckel.**

16 Seiten Text. Mit 8 Text-Illustrationen, zwei in allen Gelenken beweglichen Früchten und einem Becken. Dritte vielfach vermehrte Auflage. In Lwd. geb. Mk. 3.-

Das **Correspondenzblatt** f.SchweizerAerzte schreibt:

Meggendorfer's beweglicheBilderbücher im Dienste der Wissenschaft. Der kleine Geburtshelfer in der Westentasche. Letzteres gilt buchstäblich, denn das niedliche Büchelchen lässt sich in jedem Rockwinkel unterbringen. Es enthält ausser 8 Textillustrationen Phantome aus starkem Papier, nämlich ein dem Einband-Carton aufgeleimtes Becken und zwei Früchte mit beweglichem KopfundExtremitäten. Diese Früchte lassen sich in das Becken einschieben und daraus entwickeln; die eine, von der Seite gesehene, dient zur Demonstration der Grad-, die andere, von vorne gesehen, zu derjenigen der Schieflage.

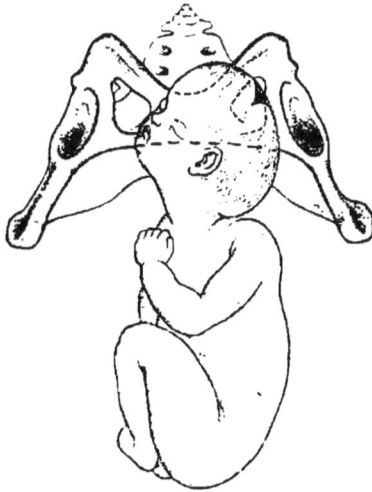

Da auch der Rumpf durch ein Charnier beweglich gemacht ist, lassen sich die Einknickungen desselben bei Gesichts-, Stirn- und Vorderscheitelstellungen, sowie bei den Schieflagen naturgetreu nachahmen. Die Peripherien des Kopfes, welche bei den verschiedenen Lagen des letzteren als grösste das Becken passiren, sind am Phantom durch Linien bezeichnet, auf welchen die Grösse des betreffenden Umfanges notiert ist.

Mit diesem kleinen und leicht bei sich zu tragenden Taschenphantom kann sich derjenige, welcher eine solche Nachhilfe wünscht, jederzeit äusserst leicht Klarheit über die Verhältnisse der Kindesteile zu den mütterlichen Sexualwegen verschaffen — die erste Bedingung für richtige Prognose und Therapie.   E. Haffter.

www.ingramcontent.com/pod-product-compliance
Lightning Source LLC
Chambersburg PA
CBHW021353210326
41599CB00011B/851